KB041383

세상의 모든 시간

ALL THE TIME IN THE WORLD

양자역학으로 시간을 내 편으로 만드는 시간관리법

세상의
모든
시간

ALL the TIME in THE WORLD

리사 브로더릭 지음
장은재 옮김

라의눈

이 책에 대한 찬사

잭 캔필드 Jack Canfield

뉴욕타임스 베스트셀러 1위 『영혼을 위한 닭고기 수프Chicken Soup for the Soul®』와
『석세스 프린서플The Success Principles™』의 공저자,
전작은 전 세계에서 5억 부 이상 판매

이 책은 우리가 진정으로 어떤 존재인지, 그리고 우리가 얼마나 대단한 잠재력을 갖고 있는지에 대해 깊이 탐구합니다. 우리 본성의 무한한 잠재력이 기적과도 같은 삶을 창조한다는 사실을 드러냅니다.

저자인 리사는 흠결 없는 과학적 연구 결과와 결합된 개인적 탐구 여정을 용기 있게 밝힘으로써, 삶의 진정한 목적에 맞춰 즐겁고 사랑 넘치게 살 수 있는 방법을 제시합니다. 꼭 읽어보시길 바랍니다.

"

조지 M. 화이트 박사 George M. White, PHD

카네기 멜론대학교 기업가정신 담당 교수,
스탠포드대학의 저명한 명예 연구원

리사 브로더릭은 우리에게 시간과 공간의 상호작용과 대체 현실에 대한 놀라운 관점을 제공합니다. 그녀의 이야기는 과학을 통해 알려지고 있으며 알 수 있는 것, 그리고 실제로 어떤 인간이라도 알 수 있는 것에 대해 다시 생각하게 만듭니다.

"

브루스 립튼 Bruce H. Lipton, PHD

저명한 의학 전문가, 뉴욕타임스 베스트셀러 『당신의 주인은 DNA가 아니다The Biology of Belief』의 저자, 2009년 고이 평화상Goi Peace Award 수상자, 스탠포드대학 의과대학 명예 연구원

양자물리학의 창시자들이 드러내 보인 가장 심오한 진실 중 하나는 물질세계가 우리의 의식하는 마음에서 비롯된 환상이라는 것인데, 물리학자들은 이를 '관찰자 효과'라고 부릅니다. 의식 내에서의 개인적 경험과 실험을 '관찰자 효과'와 관련된 선구적 물리학 연구와 통합함으로써, 이 책은 의식의 영역과 물질세계 사이에 정교한 다리를 놓습니다.

관찰자 효과에 대한 브로더릭의 평가는 생각, 감정, 행동이 우리의 지각된 현실을 어떻게 형성하는지 보여줍니다. 아는 것이 힘입니다. 이 책이 전하는 지식은 우리에게 자율권을 부여합니다. 운명에 희생당하는 존재가 아니라 세상을 창조하는 존재가 될 기회를 얻게 해줍니다.

,,

로저 넬슨 박사 Roger Nelson, PHD

저명한 과학자, 프린스턴대학교 명예교수, 프린스턴대학교 페어연구소PEAR : Princeton Engineering Anomalies Research의 연구자

자신에게 가능한 최고의 순간에 존재하는 법을 알려주는 책입니다. 저자인 리사 브로더릭은 현대 과학, 특히 양자물리학의 빛을 자신의 근사체험에 집중 투사함으로써, 가능한 한 최고의 존재가 되는 일과 관련된 중요한 생각들을 밝힙니다. 그녀는 사람들이 극단적인 상황까지 가지 않고도 그런 상태에 도달할 수 있도록 이끌고자 합니다.

,,

오리 솔츠 박사 Ori Z. Solts, PHD

조지타운대학의 신학 및 미술 교수, 130편 이상의 논문과 에세이를 집필한 저자,
약 30편의 다큐멘터리 비디오 감독이자 내레이터

흥미롭고 지적이며 중요한 책입니다. 영성과 과학을 조화롭게 엮어낸 내용은 숨 막힐 정도로 아름답고, 설득력 있으며, 이해하기 쉽습니다. 저자의 내용 전달 방식은 워낙 탁월해서, 독자들이 궁금했을 수도 있고 아닐 수도 있는 것들에 대해 생각하게 만들고, 첫 페이지부터 배우고 이해하고 싶은 마음을 들게 만듭니다. 그러나 지금 우리 인류라는 생물종은 워싱턴 DC에서 텔아비브, 앙카라, 베이징에 이르기까지 전 세계에 걸쳐 공포의 수렁에 빠져 있는 것처럼 보입니다. 브로더릭의 주장은 지적이고 정서적이고 심리적인 이해력을 가진 희망을 풀어내는, 참으로 시의적절하고 중요한 처방이라 할 것입니다.

,,

마르시아 비더 Marcia Wieder.

오프라 윈프리 쇼와 투데이 쇼에 여러 차례 출연하여
수백만 명의 팔로워와 '열정 충만한 삶'의 메시지를 공유한 바 있는
저명한 변혁 강사이자 작가, Dream University®의 CEO

이 심오한 책은 의식의 주인인 당신을 위해 쓴 '의식 사용 설명서'라 해도 손색이 없습니다. 당신이 치유와 각성을 할 준비가 되었다면, 리사는 당신에게 지도와 도구, 프로토콜을 제공함으로써 당신의 마음을 열고, 당신 자신이 진짜 누구인지 기억할 수 있게 해줄 것입니다. 당신이 진짜 누구인지를 기억해내면 깊은 수준에서 당신의 삶이 변하고 정체성이 바뀝니다. 바로 여기서부터 진정한 변혁이 일어나고 당신은 무엇이든 이룰 수 있게 됩니다.

,,

마샬 골드스미스 박사 Marshall Goldsmith, PHD
하버드 비즈니스 리뷰 최고의 리더십 사상가, CEO 코치,
뉴욕타임스 베스트셀러 작가

이 책은 의식 전환을 이끄는 안내서입니다. 세상의 수많은 귀중한 도구들과 함께 미래의 리더들은 물론 당신에게도 큰 영향을 줄 것입니다!

스콧 거슨 박사 Scott Gerson, MD, PHD
뉴욕 의과대학 임상 조교수

꿈이나 직관, 삶의 의미를 궁금해했던 사람이라면 반드시 읽어야 할 책입니다.

데이비드 샌본 David Sanborn
유명 색소폰 연주자, 24장의 앨범을 냈고 그래미상을 6회 수상했으며
8장의 골드 앨범과 1장의 플래티넘 앨범으로 총 1억 장 이상 판매 기록

통찰력 있고 지혜와 재치, 유머가 넘칩니다. 이 책은 다양한 분야의 많은 정보를 통합해 쉽게 이해할 수 있는 한 권으로 만들었습니다. 현대판 호그와트 매뉴얼이라고 할까요?

헨리 그레이슨 박사 Henry Grayson, PHD
저명한 심리 전문가, 미국 국립 심리치료연구소National Institute for the
Psychotherapies의 설립자, 『명상적 사랑하기와 치유력Mindful Loving and Your
Power to Healing』의 저자

리사 브로더릭은 새로운 양자물리학의 세계관과 전 세계적 영적 사고의 지혜를 하나로 묶는 엄청난 일을 해냈습니다. 리사는 자신의 매우 특이한 경험 중 일부를 설명하고 이해하기 위해 양자물리학 관련 자료들을 이용합니다. 그렇게 해서 우리가 생각하지 못한 무한한 잠재력을 가지고 있음을 알게 해줍니다. 훌륭한 읽을거리입니다!

데브라 폰먼 Debra Poneman
베스트셀러 작가, 다수 수상 경력의 작가이자 세미나 진행자,
토크쇼 호스트 및 주문형 미디어 게스트

이 책은 상상 이상의 삶을 살 수 있는 방법을 보여줍니다. 누구라도 리사가 제시하는 막강한 통찰로부터 도움을 받을 수 있을 것입니다.

윌리엄 불먼 William Buhlman
유체 이탈 분야 세계 최고의 전문가, 『유체이탈-영적 세계로의 여행Adventures
Beyond the Body』의 저자, 먼로연구소 강사

세심하게 연구되고 매끄럽게 쓰인 책입니다. 독자들에게 자신의 경험이 갖는 심오한 의미를 탐구하도록 독려하고, 그들의 영성이 물질 차원을 넘어 발전할 때 어떻게 되는지를 보다 잘 이해하게 해줍니다.

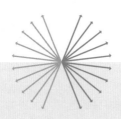

돈 미겔 루이스*의 서문

40년 이상, 나는 사람들이 '자신이 누구인지who they are' 알 수 있도록 돕는 일을 해왔다. 여러 권의 책을 출판했고, 많은 이들과 대화를 나눴고, 사람들의 삶이 바뀌는 것을 지켜보았다. 그것은 내게 허락된 일종의 특권이었다. 그런데 내가 근사체험near-death experiences을 하고 오랜 시간이 흐른 최근에서야, '자신이 누구인지'를 넘어서 '자신이 무엇인지what they are'를 이해할 수 있도록 돕는 일에 관심을 갖게 되었다.

리사 브로더릭이 이 책에서 잘 설명한 것처럼, 자신이 진정 무엇인지를 이해하게 되면 우리는 생각지도 못했던 자신만의 힘의 원천source을 발견하게 된다. 힘의 원천을 알게 되면 자유로워지고 충만한 삶을 누릴 수 있다.

리사는 근사체험을 포함한 자신의 경험을 바탕으로, 많은 사람들이 마음 한켠에 밀쳐두고 다시는 생각하지 않으려고 애쓰는 문제를 이야기할 수 있게 되었다. 자신의 경험을 기록하고 분석하고 의사나 과학자들이 하듯 그것들을 꼼꼼히 검토함으로써, 여러 가지 사건들에 대해 사려 깊고 분명한 설명을 내놓을 수 있었다.

리사는 우리가 이곳 지구에서 삶의 현실을 창조하면서 무슨 일이 일어나는지, 우리가 어디에서 왔는지, 그리고 우리가 두려움을 이겨냈을 때 결국 무엇이 될 수 있는지를 알려준다. 나는 내 책에서 '인간이 가장 두려워하는 것은 죽음이 아니다'라는 사실을 지적한 바 있다. 더 큰 두려움은 우리가 스스로 진짜 어떤 존재인지를 밝히면 몹시 위험해지는 곳에 살고 있다는 사실에서 비롯된다.

2002년 심장마비로 인해 두 번째 근사체험을 했을 때, 나는 도대체 무슨 일이 일어나고 있는지 당혹스러우면서도 한편으로 궁금했다. 내 입장에서는 몸에 대한 집착에서 벗어나 몸을 내려놓는 방법을 사람들과 공유할 기회가 온 것이다. 나는 어떻게 이 경험을 다른 이들에게 알릴지 알고 있었다. 처음이 아니었기 때문이다.

1970년대 말 나는 많은 사람들이 하는 실수를 저질렀다. 엉망으로 술에 취한 상태에서 운전대를 잡았던 것이다. 당시 나는 의대생이었고 졸업을 앞두고 있었다. 차를 몰아 멕시코시티로 돌아가려고 했을 때, 갑자기 통제 불능 상태에 빠진 차가 콘크리트 벽을 들이받았고 완전히 부서졌다. 믿기지 않게도 나는 그 일의 전체를 보았고 운전대를 잡고 있는 내 몸을 보았다. 의심한 바 없이 나는 육체 안에 있지 않았다.

사실 그 사고가 일어나기 전에 '몸이 내가 아니다'라는 '생각'을 한 적이 있었다. 하지만 자동차가 벽에 충돌한 순간부터는 그것이 더 이상 이론이나 가설이 아니었다. 몸이 내가 아니라는 것은 팩트였다.

충돌이 진행되는 동안, 나는 차와 그 차 안에 있는 내 몸을 지켜보고 있었다. 나는 차 안에 있었지만 몸 밖에 나와 있었다. 시간은 주관적이다. 모든 것이 아주 느렸기 때문에 내가 하려고 생각한 것은 무엇이든 할 수 있을 정도로 시간이 충분했다. 충돌하기 전에 몸을 에워싸서 보호할 수도 있었다. 충돌하는 동안 내 몸에는 아무 일도 생기지 않았다. 다만 더 이상 움직일 수는 없었다. 몸이 깨어날 때까지 나는 무의식 상태로 있었다.

사고 이후 나는 말 그대로 사람이 바뀌었다. 삶을 인식하는 방식이 완벽하게 달라졌다. 사고 이전에는 그렇게나 중요했던 것들이 아무래도 상관없는 것으로 여겨졌다. 나는 고대 조상들의 지혜를 공부하기 시작했다. 먼저 치유가healer인 어머니에게, 이후에는 멕시코 사막의

샤먼으로부터 배웠다.

나는 살아오면서 이미 가족의 전통을 따르고 있었다. 두 명의 형은 신경외과 의사와 종양내과 의사였다. 나 역시 외과 의사가 되기 위해 의대에 다니고 있었다. 나는 졸업 후 개업의로 일을 시작했지만 풀리지 않는 많은 의문을 안고 지냈다.

나는 '이유why'를 알고 싶었다. 첫째 질문은 '도대체 나는 무엇인가 What am I'였다. 나는 물질로 이루어진 몸이 아니었기 때문이다. 내가 몸이 아닌 것은 분명했다. 나는 사회적 지위나 신분으로 규정된 그 무엇도 아니었다. 나는 내가 무엇인지 몰랐고, 그 모른다는 사실 때문에 두려움에 사로잡혔다. 많은 사람들이 근사체험을 하지만 자신에게 일어났던 일을 부정한다. 그들은 체험을 그냥 흘려버리고, 자신의 힘으로는 절대 바꿀 수 없다고 생각하는 삶의 틀에 맞춰 살아간다.

그러나 나는 정확히 그 반대 방향으로 갔다. 의대를 졸업하고 외과 의사로서 형의 팀에 합류해서 정신없이 바쁜 중에도, 마음이 작동하는 방식을 보는 일에 몹시 끌렸다. 내가 파악하기로 몸, 마음, 진짜 나 what I really am 사이에 명백한 분리가 있었다. 정말이지 나는 마음을 이해하고 싶었다. 당시 나는 몸에 대해서는 완벽하게 이해하고 있다고 자부했다. 내 생각에 몸은 그저 물질에 불과했다.

의사로서 나는 많은 신경외과 수술에 참여했다. 멋진 시간이었지만, 나는 어느새 사람들 대부분이 자신의 마음에서 신체적 문제를 만들어낸다는 사실을 알게 되었다. 그런 깨달음이 오자 인생의 방향을 바꾸기로 결심했다. 굳이 의사로 살아야 할 이유가 없었다. 나는 가문의 다른 전통을 따르기 시작했고 지금까지 이어오고 있다. 우리 집안이 이어온 것은 '톨텍Toltec'인데 이는 예술가artists를 의미한다.

톨텍에 대한 내용은 정말이지 인류 전체에 해당하는 이야기다. 우리 모두가 예술가이기 때문이다. 예술가로서 우리가 창조하는 가장 위대한 것은 우리 삶의 스토리이다. 우리는 삶의 스토리 안에서 자신을 의심하고 뇌에 부정성과 제한된 신념을 공급함으로써, 세상 그 누구보다 자신을 학대하는 경우가 많다. 사람들은 자신의 삶을 좋아하지 않아서, 살아 있기를 두려워하는 비활성의 상태로 살아간다. 이 모두가 생각을 통해 자신의 삶을 창조하려 하기 때문에 일어나는 일이다.

그렇게 사는 와중에 우리의 뇌는 매 순간 우리가 인식하는 모든 것을 처리한다. 뇌가 존재하는 이유는 앎과 이해를 위해서다. 그렇기에 뇌에 의해 통제되는 물리적인 신체는 뇌가 이해하지 못하는 것을 두려워한다. 이것이 우리가 미지의 것, 그중에서도 특히 죽음을 두려워하는 주된 이유이다. 우리는 몸이 죽은 후에 무슨 일이 일어나는지 이해하지 못한다.

리사는 설명한다. 현실은 오직 '우리가 어떤 존재인가who we are'에 의해 초래되는 결과라고. 그러기에 마음속에서 반복적으로 들려오는 이야기와 결합된 두려움들이 우리의 창조물이 되고 우리의 삶이 된다. 이것이 현대 과학이 발견한 '관찰자 효과'라는 것이다. 우리 뇌에 가해진 제한을 풀어서 주위 세상을 인식하는 새로운 방식을 마음껏 취할 수 있게 해주어야, 뇌는 두려움에서 벗어나고 두려움에 억눌려 있던 우리의 스토리가 치유될 수 있다.

치유의 시작은 우리가 쓰는 말에 흠이 없게 하는 것이다. 말은 생각의 표현이기 때문이다. 말에는 생각과 똑같은 힘이 있어서 우리 자신과 다른 사람들에게 영향을 미친다. 즉, 우리의 현실을 생성한다.

또한 이것은 우리가 행동해야 하고, 행동을 통해 우리 존재의 본질을 표현해야 함을 뜻한다. 내가 쓴 책『네 가지 약속Four Agreements』에서, 행동은 온전하고 충만하게 사는 일에 관한 것이라고 했다. 아무리 훌륭한 생각을 갖고 있어도 그 생각을 행동으로 실천하지 않으면 결과도 보상도 없다. 우리는 행동함으로써 자신의 힘의 원천에 다가가게 된다.

우리 힘의 원천은 자신을 사랑할 때 찾을 수 있다. 자신을 사랑할 때 다른 사람들과의 관계에서 그 사랑을 표현하게 되고, 우리가 표현한 대로 다시 돌려받는다. 리사가 설명하듯이, 우리에게 돌아오는 것은 우리가 내보낸 것과 같은 종류의 에너지다. 내가 당신을 사랑하면 당신은 나를 사랑할 것이다. 내가 당신을 모욕하면 당신도 나를 모욕할 것이다. 진정으로 자신을 사랑할 때, 우리는 자신을 받아들이고 자신과의 약속을 지킬 수 있다. 그러면 충만하고 자유로운 삶의 이야기라는 위대한 걸작이 만들어진다.

진실을 말하자면, 우리는 내일 무슨 일이 일어날지 모른다. 우리에게는 리사가 '절대현재Now'라고 부르는 생생하게 살아있는 지금 이 순간이 있을 뿐이다. 이 책을 읽게 되면 우리는 이 같은 진실을 인정하고 받아들이는 선물을 받게 된다.

마치 오늘이 우리 인생의 유일한 하루인 양 살 수 있다는 의미다. 우리는 계획이 실현될지 아닐지를 걱정하지 않고 영원히 살 계획을 세울 수 있다. 존재하는 것은 단지 절대현재인 이 순간뿐이며, 그런 순간이야말로 특별한 삶을 가능하게 하는 원천이다. 이 절대현재의 순간을 혼자 힘으로 활용할 방법을 배울 준비가 되었는가? 여러분이 이 책을 다 읽을 때쯤이면, 당신은 그 방법을 활용하는 것은 물론이고 그 이상을 할 수 있는 수준에 도달해 있을 것이다.

* 돈 미겔 루이스Don Miguel Ruiz는 수천만 독자들의 삶을 변화시킨 영적 멘토이며 『4가지 약속』『이 진리가 당신에게 닿기를』『두려움을 넘어서는 지혜』 등의 전 세계적 베스트셀러 작가이기도 하다.

들어가며

충분히 발전한 기술은 마법과 구별되지 않는다.

– 아서 클라크Arthur C. Clarke

이 책에서 당신은 시간이 어떻게 작용하는지에 대한 명확한 설명을
발견하고, 자신의 힘으로 시간에 영향을 미치는 법을 배우게 됩니다.
이것은 SF가 아니라 과학입니다. 오래전 아인슈타인은 시간이 고무줄
처럼 탄력 있다는 사실을 증명했고, 대부분의 평범한 사람들도 -비록
의식하지는 못하지만- 매일 시간의 속도를 늦추기도 하고 가속하기도
합니다.

시간을 늦출 수 있다면 어떻게 될까요? 혼자 힘으로 시간을 늘이고 구부릴 수 있다면 어떤 일이 일어날까요? 기초과학은 우리에게 시간은 영원히, 그리고 반드시 앞으로 진행한다고 가르칩니다. 우리는 우리에게 펼쳐지는 삶을, 우리 힘으로는 어찌할 수 없는 사건에 의해 지배되는 선형적인 현실로 간주합니다. 하지만 시간을 경험하는 다른 방법이 존재합니다.

과학이 시간을 설명하기 위해 의존하는 물리적 인과법칙을 거스르는 무언가가 있다는 말입니다. 과학자들은 그것을 양자이론이라 부릅니다. 우리는 양자역학의 원리를 활용해서 시간에 대해 인류가 개념화해온 것들을 다른 방식으로 살펴볼 것입니다. 그렇게 하면 시간은 우리의 생각보다 제약이 덜한 것임이 드러납니다. 우리는 거의 모든 일이 일어날 수 있는 곳에서 살 수 있습니다. 온갖 제약에서 해방된 삶이 가능하다는 말입니다.

그래서 이 책은 시간에 관한 것이지만, 아울러 과학이 시간에 대해 알아내고 있는 것들을 바탕으로 설명되는 현실의 본질에 관한 것이기도 합니다. '생각은 어디에서 시작되는가? 현실이 무엇인지 어떻게 알 수 있는가?'와 같은 질문을 던짐으로써 우리는 시간과 현실이 단지 인식일 뿐이라는 사실을 알아차리게 됩니다.

사람들은 시계의 문자판이 실제 시간을 보여준다고 생각하지만, 사실이 아닙니다. 인류가 구축해온 시간관념이라는 실을 당기면 물질, 세계, 우주를 포함한 현실의 다른 모든 것들이 흐트러지기 때문에, 우리는 시계 문자판의 시간이 실재하는 시간인 양 행동하고 있습니다. 시간을 실재하는 것으로 여기는 일을 멈추기만 하면, 우리는 언제라도 과거와 미래에 접근할 수 있습니다. 그 상태에서는 특정 뇌파가 나타나는데 이를 무아지경the zone, 몰입flow, 절대현재Now라고 부릅니다. 그리고 이것이 내가 앞으로 말하려는 '집중된 지각focused perception'입니다.

이 상태에서는 원하는 곳 어디로든 시간여행을 할 수 있습니다. 과거와 미래에 영향을 미치고, 현재를 어떻게 체험할지를 선택할 수 있다는 뜻입니다. 어떤 의미에서 모든 개인의 변혁 작업은 시간에 뿌리를 두고 있습니다. 시간을 마스터하면 우리 자신에 대해서도 마스터하게 되는 것입니다.

시간의 과학을 이해하면 당신도 그런 경지에 도달할 수 있습니다. 시간이란 개념의 배경에 있는 과학을 알게 되면, 우리의 시간 경험이 한편으로는 물리적physical이고 한편으로는 지각perception이라는 사실이 이해됩니다. 시간의 물리적인 부분은 아인슈타인의 과학, 중력, 상대성이론에 기반하고, 시간의 지각 부분은 양자물리학의 원리에 의해 가장 잘 설명됩니다.

이 책은 시간이 어떻게 작동하는지에 대한 저의 이론이면서, 시간에 대한 '모든 것의 이론theory of everything'*이라 할 수 있습니다. 깨어 있는 의식 상태로 일상을 살아가는 중에, 우리는 때때로 자신의 인식과 상충되는 물리적 현실을 마주합니다. 당신도 괴이한 우연이나 설명 불가능한 사건, '아니, 지금 내가 본 게 진짜야?'라면서 멍해지는 경험을 한 적이 있을 것입니다. 과학이 최근 발견한 것들을 살펴보면 지각이 물리적 현실만큼 중요하다는 것을 알게 됩니다.

당신이 통제할 수 있는 부분인 '지각'을 바꿈으로써 당신이 경험하고 있는 '시간'을 바꿀 수 있습니다. 생각해보세요. 당신은 일어나길 바라는 일이 이미 일어났거나 아직 일어나지 않은 상태에서, 의도적으로 선형적 시간에서 벗어나 자신이 생각한 것을 다른 시간 속으로 이동시킬 수 있습니다.

이 책이 소개하는 연습practice을 활용하면 자신의 지각을 통해 시간여행을 할 수 있는 능력을 키울 수 있습니다. 이러한 연습은 당신의 마음을 고무하고, 아이디어와 해결책을 만들어내도록 뇌를 자극하며 영감, 직관, 통찰력, 혁신의 무한한 원천이 될 것입니다. 당신이 경험하는 물리적 현실과 지각은 유동적이며 통합적인 현실로 녹아들어 시간 경험을 바꾸고 자신의 능력을 변화시킬 수 있습니다.

---

* 모든 것의 이론(ToE: Theory of Everything), 또는 통일장(Unified Field) 이론. 현재까지 인류가 만든 과학이론의 거대한 두 기둥은 일반 상대성이론과 양자역학인데, 합쳐지기 어려운 이 두 이론을 조화롭게 통일시키는 가상의 이론을 말한다.

나의 어머니는 경제학자로 훈련받았고 가식과는 거리가 먼 분이었습니다. 몇 년 전 어머니가 살아계셨을 때 이런 질문을 한 적이 있습니다. "사람들은 왜 자기계발서를 읽을까요?" 어머니께서는 "자신에게 왜 그런 일들이 일어나는지 알고 싶기 때문이지"라고 하셨습니다. 그 대답이 매우 통찰력 있는 것이었음을 나중에야 알게 되었습니다. 사람들은 (과거에) 왜 그 일이 자신에게 일어났는지 알고 싶어 할 뿐 아니라, (미래에) 일어날 일에 영향을 미치고 싶어 합니다. 이는 시간 경험에 영향을 미치는 능력이 원하는 현실을 창조하는 열쇠이기도 하다는 것을 의미합니다.

곧 1장에서 읽게 되겠지만, 제가 어렸을 때 경험한 사고는 시간과 공간에 대한 저의 이해를 영구히 바꾸어 놓았고 사물을 비선형적으로 볼 수 있는 능력을 주었습니다. 베일 같은 것이 걷히자, 저는 생각과 감정, 상상력 등에 의해 미묘하게 영향받는 세상을 보게 되었습니다.

그 후 저는 더 많은 것을 감지하고 더 많은 것을 보았습니다. 서구 문화에서는 이런 경험을 하는 사람을 신비주의자mystic라 부릅니다. 하지만 이제 그런 경험은 더 이상 신비주의자의 전유물일 이유가 없

** 윈스턴 처칠이 했다고 알려진 말. "사람들은 때때로 진실에 걸려 넘어지지만, 대부분은 아무 일도 없었다는 듯이 일어나서 서둘러 자리를 떠난다(Men occasionally stumble over the truth, but most of them pick themselves up and hurry off as if nothing ever happened)."

습니다. 제가 한 것 같은 경험은 누구라도 할 수 있습니다.

이 책을 쓴 이유는 다른 사람들에게도 저처럼 진실에 걸려 넘어질 기회**를 주려는 것이었습니다. 제가 여러분에게 할 질문은 '이제 무엇을 하겠습니까?'입니다. 이 모든 것을 무시하고 아무 일도 없었던 것처럼 계속 살아가기를 선택할 수 있습니다. 아니면 여기에 담긴 내용들로부터 새로운 실천, 새로운 인식, 새로운 삶의 방식으로 전환할 수도 있습니다.

시간 경험을 바꾸는 것은 이론적으로나 현실적으로나 가능한 일이며, 제가 개인적으로 삶에서 경험한 것이기도 합니다. 또한 이미 많은 사람이 경험한 바이기도 하고요. 그들의 실제 경험을 이 책에서 확인할 수 있고, 당연히 당신도 시간 경험을 바꿀 수 있습니다!

손가락 사이로 모래알이 흘러내리듯 시간이 빠져나가고 있는데 할 수 있는 일이 아무것도 없다고 느끼나요? 그렇다면 이 책은 시간을 싸워야 할 적이라 여기는 착각으로부터 당신을 해방해줄 것입니다. 이 책에서 소개하는 사람들과 마찬가지로 당신은 현실을 자신 있게 창조하는 사람으로서 시간을 우군으로 사용할 수 있게 됩니다.

당신에게 시간은 충분합니다.

세상의 모든 시간이 당신의 것이니까요.

1부
PART 1

양자물리학이 알려주는
시간의 비밀

01

우리가 잘못 알고 있는 시간

우리는 꽤 오랫동안 삶의 속도에 압도당하는 느낌으로 살았습니다. 2020년 팬데믹이 덮치기 전까지 말입니다. 사람들의 고민에 대해 해결책을 제시하고 영적 발전을 위한 방법을 조언하는 내가 보기에, 대부분의 사람들은 비슷한 배경과 문제를 가지고 있었습니다. 한마디로 그들에겐 해야 할 일과 하고 싶은 일을 할 충분한 시간이 없었습니다.

이상한 일도 아닙니다. 온갖 기기들이 정보를 퍼붓는 통에 도저히 모든 것을 따라갈 수 없을 것처럼 느끼게 됐으니까요. 정보의 대부분은 중요할 것 없는 뉴스나 마케팅 메시지였지만, 그로 인해 우리는 무엇을 해야 할지는커녕 무엇이 진실인지를 가려낼 방법조차 알기 어려웠습니다. 우리는 매번 새로운 총기 난사 사건이나 기록적인 자연 재해에 대해 듣곤 했습니다. 물리학에서 의학, 문화 그리고 그 너머에 이르기까지 사실상 인간 세상의 모든 분야에서 패러다임이 바뀌고 있었습니다.

그리고 팬데믹이 덮쳤습니다. 몇 달 전만 해도 생활의 분망함에 압도된 채 살아가던 사람들이 이제는 쇼핑, 일, 사교, 수업, 출퇴근이라는 상투적인 일상에 관여할 수 없는 체제에 묶이게 되었습니다. 팬데믹의 초기 몇 달 동안, 나는 사람들에게 그들의 시간 경험이 이전과 달라졌는지를 묻곤 했습니다. "그렇다"라는 답이 대부분이었습니다.

팬데믹이 발생하기 전에 시간은 번개의 속도로 움직이는 것처럼 보였는데, 이제는 시간이 너무 느리게 흘러서 하루가 한 주처럼 느껴진다고 했습니다. 또한 시간의 경계가 흐릿해져서, 한 달이 한 주처럼 느껴진다고 말하는 사람도 있었습니다. 하루가 한 주 같고, 한 달이 한 주 같다는 말입니다.

집에서 그렇게 많은 시간을 보낼 수 있었던 것에 대해 대부분의 사람들이 고마워했고 (확실히 처음에는 그랬습니다) 또한 혼란스럽게 느끼기도 했습니다. 시간은 왜 그렇게 이상하게 행동하는 것처럼 보였을까요?

나의 답은 이렇습니다. "시간은 당신이 생각하는 것과 같은 시간이 아니기 때문입니다!"

너무 빠르게 흘러 충분히 가질 수 없든, 혹은 지루할 정도로 너무 천천히 흐르든, 시간은 여전히 모두가 공유하는 중요한 문제입니다. 시간은 종종 세계 유일의 재생 불가능한 자원으로 묘사됩니다. 한번 흘러간 시간은 영원히 사라집니다. 그리고 지나간 시간을 바꾸기 위해 우리가 할 수 있는 일은 아무것도 없습니다.

그렇지 않은가요?

나의 시간 경험은 치명적인 사고를 경험했던 너댓 살 무렵 극적으로 바뀌었습니다. 우리 가족은 애리조나주 북부에 있는 오두막에서 휴가를 보내고 있었습니다. 여동생과 나는 트윈 베드 위에서 폴짝폴짝 뛰고 침대 사이를 건너뛰며 놀고 있었습니다.

그러다 어느 순간, 나는 침대 끄트머리에서 뛰어올랐고 침대 가장자리에 발이 미끄러지면서 내 몸이 창문 쪽으로 내동댕이쳐졌습니다.

나중에 어머니는 내가 슬로 모션으로 허공을 날아가는 것을 보았다고 합니다. 나는 머리로 유리창을 부수고, 내 몸의 반은 안에 있고 반은 밖에 있는 상태가 되었습니다. 아래쪽의 깨진 유리창이 내 몸에 박힌 채로요.

내 기억으로 가장 가까운 시골 병원은 수 마일 떨어진 곳이었습니다. 그날 우연히 그곳에 있었던 의사는 어머니에게 "아이가 못 버틸 것 같아요"라고 했다고 합니다.

의사의 그 말은 기억나지 않지만, 나는 의식이 없었음에도 불구하고 많은 것들을 기억합니다. 유리가 박힌 채로 우리 차의 뒷문을 통해 실렸던 것이 기억나고, 시골길을 달려 의사의 진료실까지 갔던 것도 기억합니다.

가장 분명하게 기억하는 것은 내가 수술을 받았던 방입니다. 방의 위에서 내 몸을 내려다보았습니다. 내 몸 오른쪽에는 비품을 보관하는 금속제 캐비닛이 있었고, 그 캐비닛 뒤쪽에 난 창문을 통해 밖을 내다보았던 것을 기억합니다. 치료를 받은 후 우리는 피닉스의 집으로 돌아왔고, 나는 허리부터 겨드랑이까지 깁스를 하고 몇 달을 보내야 했습니다.

마침내 나는 회복되었고 다시 한번 생기 넘치는 어린 여자아이의 모습을 되찾았습니다. 하지만 내가 세상을 보는 방식은 완전히 바뀌었고, 이후 내내 유지되었습니다. 나를 둘러싼 모든 것이 서로 연결돼 있고, 살아있으며, 의식을 갖고 있다고 생각하게 된 것입니다. 운동선수들이 시간이 느려지는 초월적 경험으로 묘사하는 '무아지경the zone'을 자주 경험하면서, 내가 시계를 느리게 가게 하는 초능력을 갖고 있다고 상상하기도 했습니다.

볼링, 달리기, 또는 다른 비슷한 활동을 할 때도 시간이 느려지는 것처럼 느껴지곤 했습니다. 그래서 평소 보이는 모습으로는 상상하기 어려운 높은 수준의 능력을 발휘할 수 있었습니다. 오늘날, 우리는 최고 수준의 능력을 발휘하고 잠재력을 경험하기 위해서는 '무아지경'

에 들어가는 것이 관건이라는 사실을 알고 있습니다. 이러한 경험을 통해 나 스스로 보통 아이가 아니라는 것을 느끼게 되었습니다. 그리고 그런 느낌이 옳을 수도 있다는 사실이 속속 드러났습니다.

여덟 살 무렵, 오빠와 볼링을 했던 때가 기억납니다. 오빠와 꽤 자주 볼링을 했지만 나는 결코 잘한다고 할 만한 실력이 아니었습니다. 그런데 어느 날 저녁, 나는 거의 완벽한 경기를 했습니다. 아무리 대충 공을 굴려도 결국은 스트라이크가 되는 것 같았습니다. 절대 과장이 아닙니다.

나는 단지 무슨 일이 일어나는지 보려고 일부러 실수도 하고 다른 레인을 조준해서 공을 던지기도 했습니다. 지금도 기억이 생생합니다. 그래도 몇 차례 연속 스트라이크가 되었고, 나는 충격과 당혹감을 넘어 짜증스럽기까지 했습니다. 마지막 몇 회를 남기고서야 겨우 스트라이크를 던지지 않을 수 있었습니다. 이 모든 일은 시간이 사라진 듯 느끼는 동안 일어난 것이 분명했습니다.

이후 나는 시간을 쉽게 늦출 수 있다고 생각했고 종종 시간을 늦추는 연습을 했습니다. 그렇게 해서 걷거나 운전하는 등의 물리적인 방식으로는 불가능할 정도로 빠른 시간에 목적지에 도착하곤 했습니다.

당시 고등학생이었던 나는 대학 입학을 위해 학습능력측정시험SAT을 치러야 했습니다. 시험 당일 늦게 일어난 나는 예정보다 좀 늦게 산악도로로 50킬로미터쯤 떨어진 거리에 있는 고등학교를 향해 출발했습니다. 시험 시작 30분 전까지 도착해야 했는데, 내 경험상 너무 늦게 출발한 탓에 시험장 문이 닫히기 전에 도착한다는 것은 보통 어려운 일이 아니었습니다.

하지만 나는 늦을까 봐 걱정하기보다는 정확히 제시간에 책상에 앉는 이미지에 집중했습니다. 차에 타고서는, 시험장에 걸린 시계가 내가 원하는 정확한 시각을 표시할 때 시험장 문을 통해 걸어 들어가는 나를 보여주는 영화를 머릿속에서 상영하기 시작했습니다. 결국 나는 시험 시간에 맞춰 시험장의 책상에 앉을 수 있었습니다.

이런 이야기를 가족이나 친구들에게 하는 것이 불편했기 때문에, 이제까지 누구에게도 내 경험을 이야기한 적이 없습니다. 나를 비정상이나 미친 것으로 생각할 게 분명했습니다. 어렸을 때는 내가 날았다는 느낌이나 시간이 멈춘 것 같은 경험들을 종종 얘기하곤 했습니다. 하지만 내 주위의 어른들은 그것을 마술적 사고magical thinking*라고 불렀고, 아이들의 마음속에서는 이런 일들이 일어날 수 있다고 했습니다. 게다가 기억에는 문제의 소지가 많습니다. 시간이 지남에 따

---

* 자신의 생각이나 말 또는 행동이, 통상적으로 이해되는 인과 법칙을 무시하는 방식으로 특별한 일을 일으키거나 막을 수 있다는 독특한 믿음. 마술적 사고는 정상 아동의 발달 과정에서도 볼 수 있다.

라 개인의 기억은 자연스럽게 변화하고, 복제되고 왜곡되면서 실제로 무슨 일이 일어났었는지 알 길이 없어지는 것이 보통입니다.

그렇다고 해도, 왜 나의 시간 경험이 다른 사람들의 것과 달라 보이는지 알고 싶었습니다. 고대 문헌 비전의 학파들을 공부하고 난해한 영적 수련을 수십 년 섭렵한 끝에, 내가 경험한 것이 새롭고 특이한 것이 아니라는 것을 알게 되었습니다. 고대 동양의 영적 전통은 내가 우연히 발견한 것과 정확히 같은 내용을 수련하도록 가르치고 있었습니다.

하지만 서양인인 나는 과학과 데이터에 근거해서 이러한 경험이 어떻게 가능했는지를 이해하고 싶었습니다. 탐구는 저를 현대 과학으로 이끌었고, 물리학 용어들은 내가 오랜 시간에 걸쳐 경험한 것들을 설명하는 데 도움이 됐습니다. 내가 과학에서 발견하고 알게 된 내용은 이렇게 요약할 수 있습니다.

시간은 물리적인 부분도 있고 지각적인 부분도 있습니다. 지각적인 부분은, 왜 시간이 때때로 고무줄처럼 늘어나는 듯 느껴지는지를 설명해줍니다. 중요한 것은 당신이 경험하는 시간을 어느 정도는 당신의 힘으로 통제할 수 있다는 것입니다.

비결은 내가 '집중된 지각focused perception'이라 부르는 능력을 향상시키는 것입니다. 집중된 지각은 스포츠에 몰입하거나 심각한 위험을 경험하는 다양한 상황이나 맥락에서 일어날 수 있는, 강화되고 고조된 각성 상태입니다. 아울러 이 책에서 알려드릴 예정인 실행 지침을 통해 의도적으로 이런 상태를 일으킬 수도 있습니다.

'이는 깊은 집중, 숙달감, 자의식이 최소화된 몰아沒我의 감각, 그리고 자기 초월감을 느낄 수 있는 지각 상태입니다. 또한 '집중된 지각'은 시간이 평소처럼 흐르지 않고 대개의 경우 느려지거나 완전히 멈추는 것처럼 보이는 특별한 경험입니다. 스스로 이 상태를 만드는 방법을 발견하면 마침내 시간을 초월할 수 있게 되는 것입니다.

당신은 이상한 시간 경험을 초래하는 집중된 지각을 이미 경험했을수도 있습니다.

몇 년 전, 내 친구 빌Bill은 혼잡한 캘리포니아 고속도로를 시속 130킬로미터의 속도로 달리고 있었습니다. 왼쪽 차선에서는 한 여성이 빌의 차와 같은 속도로 달리고 있었고요. 빌 바로 앞을 달리던 트럭 뒤에서 커다란 타이어가 떨어졌고, 세 번 튕긴 타이어는 옆 차선을 달리던 차의 앞유리를 부수고 여성 운전자를 덮쳤습니다. 빌은 일어나는 사건 모두를 슬로 모션으로 보았다고 합니다.

빌의 지각에 따르면, 그런 일이 일어나는 동안 대응 조치를 할 수 있는 시간이 충분했습니다. 옆 차선의 차량이 통제 불능 상태가 되어 빙그르르 회전하는 동안 빌은 갓길 쪽으로 차를 틀어 충돌을 피했습니다. 강렬한 위협을 느낀 순간, 빌은 자신의 힘으로 시간을 늦춤으로써 목숨을 건질 수 있을 만큼의 시간을 번 것 같다고 말했습니다.

이런 종류의 위험을 겪는 동안, 혹은 넋 놓고 멋진 기억 속에 빠져 있거나, 바닷가에서 끊임없이 밀려오는 파도를 바라보고 있거나, 갓 태어난 아이를 품에 안고 있거나, 일에 열중하고 있는 동안에는 시간이 당신을 위해 가만히 멈춰 있는 것처럼 보였을지도 모릅니다.

이렇게 집중된 지각의 상태는 시간을 초월하는 느낌을 만들어냅니다. 시간을 초월한다는 것이 무슨 의미일까요? 그것은 종종 깊은 집중, 감정적인 고양, 숙달감, 옅어진 자의식, 자기를 초월한 느낌으로 특징지어지는 상태입니다. 사람들은 이 경험을 '무아지경the zone', '몰입flow', '절대현재Now', '현재 순간에 존재하기being in the present moment' 또는 단순히 '현존presence'이라 칭하기도 합니다.

이런 경험은 대개 자연발생적입니다. 아마도 죽음에 가까이 가는 근사체험(저의 경우), 극도의 위험(빌의 경우), 지극한 사랑(영적 각성, 신생아를 품에 안는 경우), 또는 극단적인 집중(농구 코트에서처럼) 같은 특정 상황에서 촉발되곤 합니다.

그런데 위험한 순간이나 골똘히 생각에 잠길 때 예측할 수 없이 일어나는 이런 경험을 그냥 손 놓고 기다려야 할까요?

나는 당신에게 시간을 초월하는 이런 감각을 마음대로 만드는 방법을 알려드릴 생각입니다. 시간을 초월하는 감각을 만들어내는 방법은, 당신이 통제하는 시간 방정식의 한 부분, 즉 당신의 지각을 바꾸는 겁니다. 누구나 배울 수 있는 간단한 실행 지침을 따름으로써, 당신은 시계의 문자판에서 벗어나 시대에 뒤처진 시간의 구성개념construct에서 벗어날 수 있게 됩니다.

시간에 대한 구성개념을 바꾸면, 개개인의 변화를 막고 있던 문이 열리고 삶의 거의 모든 영역에서 '양자 도약quantum leap'을 할 수 있습니다. 만약 시간이 균일하게 앞으로 나아가지 않는다면, 만약 우리가 개인적 필요에 맞게 시간을 충분히 늘이거나 구부릴 수 있다면 어떨까요? 물리적 세계 내에서 시간의 흐름에 대한 우리의 경험을 바꿀 수 있다면 어떤 일이 생길까요?

몇 년 전, 매력 넘치고 성공한 사람들의 모임에서 한 여성을 만났습니다. 그녀 역시 자신의 분야에서 큰 성취를 이룬 사람이었습니다. 대화를 시작하자마자 그녀는 좌절감을 느끼고 있다고 했습니다. 과거의 기억이 미래의 꿈을 방해하는데 도무지 그 문제를 해결할 수 없다는 얘기였습니다.

이 책에서 당신이 배우게 될 원리를 바탕으로, 나는 그녀가 평생 알고 있던 방식처럼 시간이 존재하지는 않는다는 사실을 설명해주었습니다. 시간은 선형적이고 고정된 것이 아니라, 우리와 상호작용할 수 있고 심지어 통제할 수도 있다고요. 시간의 배후에 있는 과학을 알게 되면, 스스로의 힘으로 시간에 영향을 미칠 수 있게 된다고도 말했습니다. 내가 그녀와 함께 한 일은 시계 문자판을 초월하는 것이었지만, 아울러 개인적 변화에 관한 것이기도 했습니다. 그녀가 과거에 대한 후회와 미래에 대한 두려움으로 마비된 채 시간을 허비한다면, 아무리 많은 시계 문자판을 멈추게 하더라도 소용없기 때문입니다.

나는 과거와 미래에 대한 인식을 바꿔주는 두 가지 구체적 실행 방법을 알려주었고, 그녀는 자신의 인생에서 원하는 것을 얻을 수 있었습니다. 그녀는 정신적으로 깨어나 그녀의 과거를 뛰어넘었고, 심오하고 의미 충만한 방식으로 세상이 돌아가는 이치를 배우기 시작했습니다.

이 모든 것이 그녀에게 도움이 됐을까요? 그녀의 말입니다.

리사가 가르쳐준 실행 방법들을 사용하면서 내 삶이 크게 변했습니다. 평생 나를 막아섰던 것들이 힘을 잃었어요. 멀게만 보였던 목표들이 이제 아주 가까이 다가왔습니다. 그리고 집중된 지각이란 도구를 활용함으로써 업무 처리에 있어서도 생산적이 되었습니다. 집중된 지각은 공황 panic과 반대입니다. 그것은 시간을 느리게 가게 하고, 스트레스 없이 보다 자유롭게 목표보다 훨씬 많은 것을 성취할 수 있게 해줍니다.

집중된 지각을 통해 나는 한층 훌륭한 운동선수가 되었어요. 나는 테니스를 즐기는데, 네트 너머에서 나를 향해 날아오는 공에 집중하면 할수록 공을 처리할 준비와 그에 따른 연결 동작을 할 시간이 늘어납니다.

게다가 공에 집중할수록 더 편안해져요. 공을 잘 치기 위해 필요한 충분한 시간이 있다고 느껴지는 거예요. 이 실용적인 적용은 내가 삶의 어느 분야, 어떤 영역에서든 필요한 모든 시간적 여유를 가지고 있다는 사실을 되새기게 해줍니다.

정말 운이 좋았어요. 당시 내 모든 문제에 대한 답이 의식임을 막연히 느끼고 있긴 했지만, 의식 사용법의 요체를 알려준 건 리사였으니까요.

그녀는 시간에 대한 인식을 바꿨습니다. 자신이 시간에 묶여있지 않으며, 자신이 시간의 창조자이고 하고 싶은 모든 것을 할 수 있는 충분한 시간을 가지고 있다는 사실을 깨달은 것입니다. 이제 그녀는 일이 적절한 시기에 일어나도록 해주는 실용적인 도구와 전략을 가지고 있습니다. 이는 존재의 근원에 깊이 연결된 느낌과 풍요의 감각을 불러일으킵니다. 그녀는 시간을 초월하는 길을 가고 있습니다.

시간을 관리하기 위해 최선을 다했더라도 우리는 다음과 같은 의문을 가질 수밖에 없습니다. '아무튼 시간 문제가 왜 그렇게 중요한데?'라고 묻게 되는 한 가지 이유는 우리가 더 근본적인 의문에 대한 답을 구하기 때문일 겁니다. 그 근본적인 의문은 '지금 나는 무엇을 해야 하지?'입니다.

더 이상 시곗바늘이 표시하는 시간에 끌려다니지 않으면서 필요에 맞게 시간을 늘이고 구부릴 수 있음을 알게 되면, 질문에 답하기가 훨씬 쉬워집니다. 그렇게 질문하고 답을 받고 그 답에 근거해 행동하는 사람들은 목적이 분명하고 의미 충만하며, 진실한 현존의 삶을 살아갑니다.

지금부터 설명할 시간 이론과 실행 방법들은, 내가 언제 무엇을 해야 하는지를 알게 해주었고 실제로 그것을 할 수 있게 도와주었습니다. 당신도 분명 도움을 받아 그런 문제를 해결할 수 있을 것입니다.

아마도 우리는 (인류 역사상) 처음으로 과학이 시간을 어떻게 설명하는지 이해할 준비가 되어 있을 것입니다. 또한 이러한 과학적 원리를 적용해서 우리의 삶을 바꾸고, 우리가 해야 할 일을 계속할 준비가 되어 있는 것 같습니다.

아인슈타인의 말처럼 신뢰성 있게 '시간을 늘이는' 경지에 도달하기 위해, 나는 근사체험을 했고 시간을 초월하는 감정을 유발하는 것이 무엇인지 평생 궁금해했으며 수십 년간의 수련을 했습니다. 나는 이 모든 추구로부터 얻은 결과의 정수를 뽑아내서, 당신이 자신의 지각에 집중하여 시간의 경험을 바꾸는 데 사용할 수 있도록 유용한 실행 방법으로 정리했습니다. 그 구체적 방법은 다음과 같습니다.

1부 : 양자물리학이 알려주는 시간의 비밀. 첫 번째 단계는 실행 방법에 관한 것이 아니라 시간에 대해 인류가 쌓아 올린 구성개념 construct에 대해 다시 생각해보는 것입니다. 제1부에서는 왜 시간이 우리가 믿는 것처럼 선형이 아닌지에 대한 과학적 증거를 제시할 것입니다.

이러한 증거를 바탕으로 한 나의 이론은 한마디로 '시간은 한편으로는 물리적이고 또 한편으로는 지각이라는 것'입니다. 그리고 시간 공식의 지각에 해당하는 부분을 통제함으로써 시간 경험을 바꿀 수 있습니다. 이 단계는 우리가 앞으로 나아갈 여정의 토대가 될 부분입니다. 과학이 밝혀낸 사실에도 불구하고, 당신이 시간을 바꿀 수 없는 직선적인 힘이라고 계속 믿는다면 이어지는 실행 연습을 성공적으로 수행하기 어렵기 때문입니다.

잠시 공식으로 돌아가 보겠습니다. 시간은 한편으로는 물리적이며 한편으로는 지각입니다. 시간 경험의 물리적 부분은 아인슈타인의 세계, 중력, 그리고 상대성이론으로 특징지어집니다. 아인슈타인과 아인슈타인을 추종하는 많은 과학자들의 연구 결과, 과학자들도 이제는 시간이 고무줄처럼 늘어나고 확장되고 수축된다는 사실을 이해합니다.

다음은 시간의 지각 부분인데, 이는 양자이론의 신비롭고 환상적이며 도깨비 같은 세계를 특징으로 합니다. 이 세계에서는 의식이 파동함수의 붕괴를 야기합니다. 파동함수 붕괴 현상은 그 자체로 (시간을 포함한) 현실의 원천이 될 수 있습니다.

다시 말하지만, 이것은 공상과학 소설이 아닙니다. 과학입니다. 두 부분으로 이루어진 공식은 과학적으로 유효한 접근 방식을 명확하게 설명하는 완전히 새로운 구성개념입니다. 과학에서는 물리학의 고전적인 법칙과 양자이론을 결합한 이론을 '통일이론', 즉 '모든 것의 이론'이라고 부릅니다. 그렇다면 이 이론을 '시간에 대한 모든 것의 이론'이라고 부를 수도 있을 겁니다.

하지만 칼 세이건이 말했듯이 '비범한 주장에는 비상한 증거가 필요합니다'.[1] 따라서 이 책에 제시된 나의 자료들은 가능한 한 과학적으로 엄격하게 만들어지도록 주류 과학자들에 의해 검토되었습니다. 과학자들은 '시간은 무엇이고 어떻게 작동하는가?'의 문제는 오늘날 물리학에서 가장 큰 미해결 과제 중 하나로 남아 있다는 경고와 함께 나의 자료를 검토해 주었습니다.

2부 : 시간의 한계로부터 자유로워지기. 시간에 대한 구성개념을 업데이트한 후에는 당신의 지각에 초점을 맞추어 시간 경험을 바꾸고, 실제 시계가 표시하는 시간에도 영향을 미칠 수 있습니다. 이러한 능력은 정상 이상이고 기대 이상일 수 있지만, 초자연적인 것이나 마법은 아닙니다. 그것들은 자연스러운 인간 능력의 일부입니다.

과거의 경험에 의해 조건화되었든지, 현재에 머무르는 데 어려움을 겪고 있든지, 또는 원하는 미래를 만들고 싶든지에 상관없이 개인적 변화가 시간에 어떻게 뿌리내리는지를 배우게 될 것입니다. 바쁜 일상 중에서 시간이 늘어나고 휘어지는 집중된 지각의 상태에 머물도록 훈련하는 간단한 실행 방법들을 섭렵하면서, 당신은 시간이 더 이상 적敵이 아니라는 사실을 발견하게 됩니다.

지금 나는 당신이 다시는 약속에 늦거나 마감시간을 놓치지 않을 것이라고 말하는 것이 아닙니다. 다만 당신은 '제시간에 도착한다'라는 것이 의미하는 바가 바뀌는 경험을 하게 될 수는 있습니다. 시간 낭비를 덜 하게 되는 것은 물론, 시간을 초월한 듯이 덜 미루고, 더 분명하게 생각하고, 더 차분하게 행동하고 있음을 알게 될 수도 있습니다.

이 책은 '마침내 누구의 시대가 왔는가?'라는 생각을 말하고 있습니다. 고대 문화는 수천 년 동안 비슷한 가르침을 제공해 왔습니다. 과학과 개인의 변혁을 결합하는 이 책의 실천 사항들을 익히면서, 여러분은 시계가 표시하는 시간을 초월한 시간 지각을 형성하게 될 것입니다. 시간이 적이라는 환상에서 벗어나면, 당신 편이 된 시간을 받아들이는 법을 배울 수 있고, 당신이 해야 할 일을 할 수 있을 만큼 넉넉한 세상의 모든 시간을 가질 수 있게 됩니다.

이제 당신은 시간에 대한 진실을 알 때가 되었습니다.

02

시간의 물리적 부분

중력과 속도, 그리고 물리 법칙

시간은 우리의 삶에서 큰 문제일 뿐 아니라, 현대 과학에서도 큰 문제 중 하나입니다. 물리학자들은 최소한 부분적으로라도 시간이 무엇인지 이해하지 못합니다. 시간이 모든 상황에서 똑같이 움직이지 않기 때문입니다.

시간에는 과학자들이 측정할 수 있는 물리적 요소가 있습니다. 예컨대 시계의 운동은 시간을 측정하고, 지구의 운동은 24시간으로 이루어진 날들과 계절의 변화로 시간을 전진시킵니다. 이런 의미에서 시간의 물리적 구성요소를 가장 간단하게 정의하자면, 우주 공간 내에서 공간을 이동하는 우리의 경험이라 할 수 있습니다.

우리는 자신과 사물이 움직이는 것을 경험하기 때문에 물리적으로 시간을 경험합니다. 지구상의 다른 장소가 낮인지 밤인지를 생각해보면 이 사실이 분명해집니다. 지구가 움직이기 때문에 뉴욕과 시드니에서의 시간은 같지 않은 것이라는 말입니다.

지구에서 현실로서의 시간은 가장 유명한 물리 법칙인 중력gravity의 영향을 받습니다. 지구에 묶인 물체에서 행성에 이르기까지 우리 주변에 존재하는 거의 모든 것들의 운동은 중력의 지배를 받습니다. 중력은 물질과 공간의 부산물이라 할 수 있습니다. 사실, 물질은 중력을 생성합니다. 중력은 지구가 태양 주위를 돌고 달이 지구 주위를 도는 이유 혹은 원인입니다. 또한 중력은 시간의 흐름에 최소한 부분적으로라도 책임이 있습니다.

시간 역시 상대적입니다. 백여 년 전, 26세의 아인슈타인은 특수 상대성이론이라는 것을 발표했습니다. 아인슈타인의 천재적인 통찰은 이랬습니다. '운동하는 물체에 대해서 흐르는 시간은 신축성 있는 고무줄과도 같아서, 다른 속도로 움직이는 물체에는 다르게 흐른다.'[1]

더 자세히 말해볼까요? 당신이 우주 공간 내에서 더 빨리 움직일수록, 더 느리게 움직이는 누군가에 비해 상대적으로 당신에게 시간은 더 천천히 흐릅니다. 지구 밖의 우주로 나가서 빛의 속도에 가까운 속도로 여행한 다음, 지구로 되돌아온다고 해봅시다. 당신은 이제까지 늘 그랬던 것과 같은 방식으로 시간이 흐른다고 생각할 것입니다. 하지만 당신이 지구로 돌아오면, 지구의 시계들은 당신의 시계보다 더 먼 미래의 시간을 보여줄 것입니다. 어떤 의미에서, 당신의 시간은 지구상에 있는 사람들에 비해 더 천천히 흘렀을 것입니다.

10년 후, 아인슈타인은 일반 상대성이론을 발표하여, 시간의 흐름도 중력의 영향을 받는다는 것을 증명했습니다.[2] 만약 당신이 우주로 나가서 블랙홀과 같은 강한 중력의 원천 근처에 있게 된다고 해봅시다. 당신은 평소처럼 시간이 흐른다고 생각하겠지만, 블랙홀에 들어가는 순간 이론적으로 예측된 끔찍한 결과*를 경험하게 될 것입니다.

하지만 당신에 비해 상대적으로 약한 중력을 경험하는 지구상 다른 사람들의 눈에는 당신의 이동 속도가 몹시 느려진 것처럼 보일 것이고, 아마도 블랙홀에 도달하기 전에 당신의 존재는 사라질 것입니다.

블랙홀에 가까워질수록, 블랙홀에서 먼 거리에 있는 시계에 비해 더 많은 시간이 변한다는 얘기를 들어본 사람은 꽤 많을 것입니다. 하지만 '시간 지연'으로 알려진 이 현상이 지구에서도 일어난다는 사실은 금시초문일 테지요. 원자시계 덕분에, 연구자들은 지구상에서 30

---

* 예컨대 국수효과(noodle effect)를 말한다. 블랙홀의 '사건의 지평선'에 접근한 물체는 물체 내에서 부위별로 작용하는 중력의 크기가 다른 조석교란으로 인해 부서져서 세로로 길게 늘어나는 외형 변화를 겪게 된다고 한다.

㎝ 정도의 표고 차이만 있어도 시간의 흐름이 영향을 받을 수 있다는 것을 입증했습니다.[3]

만약 당신이 에베레스트산 꼭대기에 이 매우 정확한 시계(원자시계) 하나를 두고, 로스앤젤레스에 다른 원자시계 하나를 놓아둔다면, 시간이 경과할수록 두 시계는 각각 다른 시간을 보여줄 것이라는 뜻입니다.[4]

시간은 물리적인 구성 요소에 의해 측정될 수 있지만, 시간 경과에 대한 우리의 지각에 의해서도 측정될 수 있습니다. 종종 '주관적 시간'이라 불리는 이 시간의 측면 또한 광범위하게 연구되어왔습니다. 대부분의 성인은 나이가 들수록 시간이 더 빨리 흐르는 것 같다고 말합니다. 아이일 때 1년은 마치 영원히 지속되는 듯 여겨지지만, 성인이 되어서 몇 년쯤은 눈 깜짝할 사이에 지나갑니다.

이런 현상에 대해, 듀크대학의 한 연구원은 우리의 몸이 늙어감에 따라 뇌가 이미지를 더 느리게 처리하기 때문이라고 이론화했습니다.[5] 젊은 시절에는 이미지들이 더 빨리 처리되기 때문에 기억할 것이 더 많고, 이것은 우리가 그것들이 발생했다고 느끼는 시간이 길다고 인식하는 효과가 있다는 말입니다.

한편 성년의 삶에서는, 저하된 뇌의 이미지 처리 능력 덕분에 기억할 이미지가 더 적어집니다. 더 적어진 기억으로 인해 나이 든 사람의 정보처리는 한 기억에서 다른 기억으로 빠르게 건너뛰고, 그로 인해 시간이 빠르게 흐른다는 느낌을 받게 됩니다.

이 모든 이야기는 어떤 의미일까요? 한마디로 시간은 우리가 생각하는 것과 다릅니다. 그러나 우리는 여전히 시간을 직선적이고 예측 가능한 방식으로 앞으로 나아가는 것이라 생각하는 경향이 있습니다. 우리는 한번 경험하면 돌이킬 수 없는 과거가 되는 일련의 순간들을 통과해 나아가면서 시간의 흐름을 지각합니다. 앞쪽으로 쏘아진 화살처럼 과거는 뒤에 있고 바꿀 수 없으며, 미래는 늘 우리 앞에 있고 확실하게 알 수 없다고 믿습니다. 그러나 시간에 대한 이런 믿음이 늘 사실에 부합하지는 않습니다.

『제4의 전환The Fourth Turning』의 저자 윌리엄 스트라우스William Strauss와 닐 하우Neil Howe는 우리 인류가 시간에 대해 갖고 있는 구성 개념이 역사적으로 어떻게 발전했는지에 대해 아주 유용한 설명을 제공합니다.[6] 요약하면, 인간은 세 가지 다른 방식으로 시간을 보아왔습니다.

혼돈의 시간

수십만 년 전, 인류가 사회 집단을 형성하기 전의 초기 인류는 시간을 혼란스러운 것으로 보았습니다. 모든 사건은 무작위적이었습니다. 즉 발생하는 모든 사건에는 원인과 결과가 없었고, 그럴싸한 이유 같은 것도 없었습니다.

순환하는 시간

아마도 4만 년쯤 전에 사회 집단이 발달하고 우리가 자연을 조금 더 잘 이해하기 시작하면서, 인류는 시간을 주기적으로 순환하는 것으로 보았습니다. 시간은 태양(일), 달(월), 황도대(년), 그리고 그 이상의 움직임에서 볼 수 있는 영원히 반복되는 주기에 따라 진행하며, 그러한 시간의 순환은 일, 월, 계절에 따른 주기적 반복의 형태로 인간의 생활에 반영된다고 생각했습니다.

직선형 시간

16세기경, 시간은 한 방향으로만 진행되는 드라마라는 생각이 완전히 받아들여졌습니다. 16세기 세계의 대부분은 시간이 영원히 앞으로 나아가고 있다거나, 저자들이 '진보로서의 역사'라고 부르는 것을 시간과 동일시하는 쪽으로 견해가 바뀌었습니다.

시간에 대한 우리의 구성개념이 변해 왔다는 주장을 듣고 놀랄 필요는 없습니다. 우주와 시간의 실체에 대해 더 많은 것을 알고 싶어 하고 배우고 있는 사람의 입장에서 보면, 그렇게 바뀌는 것이 자연스럽습니다. 이는 우리가 시간에 대해 더 많이 배울수록, 우리가 갖고 있는 시간에 대한 구성개념이 바뀔 가능성이 더 크다는 것을 의미합니다.

왜 우리는 시간이 무한히 진행하고 있다고 굳게 믿는 걸까요? 물리학자 브라이언 그린Brian Greene은 자신의 책 『시간의 끝까지Until the

End of Time』에서[7] 현재 우리가 갖고 있는 획일적이고 일방적인 시간 진행과 관련된 개념이 열역학 제2법칙*과 엔트로피의 개념과 어떻게 연관되어 있는지를 설명합니다.

엔트로피란 물질적인 것들은 항상 흩어지고, 쇠퇴하고, 부패하고, 더 무질서하게 성장한다는 것을 의미합니다.[8] 얼음이 녹고, 수증기가 흩어지고, 생물이 자라고 나이 드는 식으로 사물들이 질서정연한 상태에서 무질서한 상태로 변화하는 것을 끊임없이 지켜보기 때문에, 우리는 시간이 항상 앞으로 나아간다고 생각하고 그렇게 단정하기 쉽습니다.

일부 과학자는 열역학 법칙을 의심이나 의문의 대상이 아닌, 우주의 작동 방식에 대한 불변의 증명된 사실로 생각합니다.[9] 심지어 물리학자들조차 열역학의 법칙이 우리가 속해 있는 물질세계에서 사물이 어떻게 움직이는지 (가정으로서) 예측하기 위해 존재한다고 할 것입니다. 이러한 법칙들은 합리적 단순화를 채택함으로써 우리의 물리적 세계를 효율적으로 설명하지만, 그럼에도 불구하고 그것들은 단순화와 해석에 불과합니다.

그린은 증기기관을 예로 듭니다.[10] 우리는 물 분자가 가열되었을 때 어떻게 움직일지에 대해 일반화할 수 있지만, 오늘날 가장 정교하고

---

* 열역학 제1법칙은 '우주의 에너지는 형태가 변할 뿐 없어지거나 재창조되지 않는다'라는 에너지 보존의 법칙이고, 제2법칙은 열역학적 현상이 진행하는 방향에 관한 법칙이다. 즉 물은 높은 곳에서 낮은 곳으로, 열은 높은 온도에서 낮은 온도로 전달되며 그 반대 현상은 없다.

성능이 뛰어난 컴퓨터로도 증기로 변할 때 물 분자 각각의 개별적인 움직임을 예측할 수는 없습니다. 이것이 통계적 예측에 기반한 과학이 성과를 낸 방식입니다. 개별적인 사상 각각을 관찰하고 분석하기보다는 대규모 모집단 위주로 살펴봄으로써, 결과를 사전에 꽤 잘 예측할 수 있었던 것입니다.

대수의 법칙law of large numbers**이라 불리는 통계적 예측력은 몇 사람이 잭팟을 터뜨려도 결국은 카지노가 돈을 벌 것이라고 합리적으로 확신하는 이유이기도 하고, 엔트로피와 같은 물리적 법칙이 변하지 않으며 돌이킬 수 없는 것처럼 보이는 이유이기도 합니다. 결국 그린은 이렇게 묻습니다 "깨진 유리조각이 다시 합쳐지는 것을 본 적이 있는가?"

하지만 여기엔 한 가지 숨겨진 문제점이 있습니다. 이러한 불가역성의 가정에도 불구하고 뉴턴의 물리학, 맥스웰의 전자기학, 아인슈타인의 상대성 물리학, 보어와 하이젠베르크의 양자물리학 등 과학의 모든 주요 영역이 앞으로 진행하는 시간을 상정하지 않고도 유효하게 작동하는 수학 방정식에 기초한다는 것입니다.

즉, 우리 세계를 지배하는 과학 방정식은 시간이 흐르는 방향과 무관하다는 뜻입니다. 이는 시간이 거꾸로 흐른다 해도, 시간이 바로 흐

** 표본 수가 많을수록 통계 추정의 정밀도가 향상된다는 것을 수학적으로 증명한 이론. 대규모 혹은 다수로 관찰하면 수학적인 확률에 수렴하면서 일정한 법칙이 드러난다는 것이다.

르는 경우와 마찬가지로 이런 기본 방정식들이 잘 작동하리라는 것을 시사합니다. 심지어 물리학자들은 엔트로피가 스스로 감소할 가능성이 있다고 주장하기도 합니다. 물론 극도로 예외적이고 가능성이 낮은 얘기이기는 하지만, 어떤 것이 무질서로부터 질서 쪽으로 움직여서 흩어졌던 것이 다시 원래 형태로 모여 합쳐질 수도 있다는 뜻입니다. 그렇다는 것은 엔트로피의 불변성과 불가역성에 대한 의문과 아울러 시간이 항상 앞으로 진행한다는 생각에 의문을 갖게 만듭니다.

지금부터 '앞으로 진행하는 시간'에 도전하는, 재미있기도 하고 논쟁적이기도 한 현대 물리학의 몇 가지 이론을 소개하겠습니다.

웜홀Wormhole

1935년 알버트 아인슈타인과 네이선 로젠Nathan Rosen은 '아인슈타인-로젠 브리지Einstein-Rosen bridges'로 알려지다가 나중에는 '웜홀Wormhole'이라 불리게 되는 것을 발견했습니다.[11] 웜홀은 아인슈타인의 중력 방정식에 의해 설명되는 시공간의 왜곡으로, 멀리 떨어진 곳을 물리적으로 연결하는 공간의 지름길과도 같습니다. 만약 당신이 웜홀의 입구 중 하나를 블랙홀처럼 중력이 시간을 휘게 만들 수 있는 어떤 것 근처에 위치시킨다면, 두 개의 '통로'는 같은 속도로 시간 속을 진행하지 않을 것이며, 당신이 과거로 돌아가거나 미래로 여행할 수 있게 해줄 것입니다.

양자 불확실성Quantum uncertainty

양자이론의 핵심에는 양자 불확실성이 자리합니다. 원자나 아원자 입자 규모의 물질에 대해 확실하게 아는 데에는 한계가 있다는 것이 양자 불확실성입니다. 우리가 기대할 수 있는 것은 기껏해야 어떤 것이 특정한 위치에 있을 가능성이나 그것이 어떻게 행동할 것인지에 대한 수학적 기회, 또는 확률을 계산하는 것입니다. 양자 불확실성은 물리학의 예측 불가능성을 인정하면서 충분히 오래 기다리면 언젠가 거의 모든 일이 일어날 수 있음을 시사합니다.

다중 우주Multiverse

양자이론에는 다중 우주라는 개념이 있습니다. 무한한 수의 세계가 존재하고 선택이 발생함에 따라 각각의 세계가 다른 경로로 행동한다고 가정합니다. 우주마다 다른 일들이 일어날 수 있기에, 시간여행 아이디어에 대한 고전적인 딜레마인 소위 '할아버지 역설'이 해결됩니다. 할아버지 역설이란 만약 당신이 시간을 거슬러 올라가 아버지가 태어나기 전에 할아버지를 죽인다면, 당신은 애초에 존재하지 않을 것이라는 이야기입니다. 다중 우주론은 대체 우주에서 할아버지의 복사본을 죽일 수 있다는 점에서 그 역설을 해결하게 되는 것입니다. 할아버지는 다른 우주에 존재했고 그래서 당신은 여전히 태어날 수 있었습니다(당신이 우주 사이를 어떻게 여행했는지는 문제도 아니죠).

양자 얽힘Quantum entanglement

양자 얽힘이란 입자들이 서로 얽힘으로써 아주 먼 거리를 떨어져 있어도 마치 연결되어 있는 것처럼 행동할 수 있다는 이론입니다. 입자들이 사실상 빛의 속도보다 더 빠르게 이동할 수도 있다는 의미일 수도 있습니다. 만약 입자들이 빛의 속도보다 더 빠르게 이동할 수 있다면, 입자들은 시간여행을 할 수 있을 것이고 또한 시간여행을 가능하게 해줄 것입니다.

앞으로 나아간다는 시간의 성질에 도전하는 이러한 이론들은 모두 (웜홀을 제외하고) 양자물리학이라고 불리는 물리학의 한 분야입니다. 양자물리학은 원자와 아원자 입자와 같은 가장 작은 것들의 행동을 설명합니다. 양자물리학 세계의 작고 미시적인 규모 때문에, 전자기 에너지의 미세한 꾸러미인 '양자'의 행동을 예측하기 위해서는 수학이 사용됩니다. 양자 세계에서 에너지와 물질은 우리가 보고 느끼고 파악할 수 있는 것들과 같은 규칙을 따르지 않습니다.

이제부터는 시간의 지각과 관련된 문제들을 다룰 텐데, 시간 지각은 양자물리학의 원리에 의지할 때 가장 잘 설명됩니다.[12]

시간의 지각 부분

도깨비 같은 양자의 세계

수백 년 전, 아무도 양자에 대해 몰랐던 시절에 갈릴레오와 뉴턴 같은 고전 물리학자들은 시간과 공간 안에서의 에너지 본질에 대해 연구하고 있었습니다. 그들은 우리가 보고 파악할 수 있는 사물의 세계에서 어떤 일이 일어날지를 고도로 정확하게 예측할 수 있는 법칙을 만들고 싶어 했습니다.

그리고 시간이 많이 흐른 뒤에, 즉 연구를 위한 장비가 충분히 강력해진 1세기 전쯤에 물리학자들은 원자보다 훨씬 작은 수준에서 사람 눈에 보이지 않는 입자를 연구하게 되었습니다. 이것이 바로 양자물리학입니다.

스펙트럼의 다른 쪽 끝에서, 천체 물리학자들은 은하와 은하단과 같은 우주 내 거대한 물체들의 운동과 중력장, 그리고 그것들이 주변의 다른 거대한 물체들에 어떻게 영향을 미치는지를 연구합니다. 어떤 의미에서 천체 물리학자와 양자물리학자는 모두 입자를 연구한다고 할 수 있습니다. 한쪽의 입자가 다른 쪽 입자보다 훨씬 클 뿐입니다.

그렇다면 입자란 무엇일까요? 과학은 질량을 가진 서로 다른 수많은 것들을 묘사하기 위해 입자라는 용어를 자유롭게 사용합니다. 하지만 진실을 말하자면, 과학자들은 '입자'가 무엇인지 정말로 모릅니다. 미시적 양자 세계에서 입자는 물질을 존재하게 하는 근본 토대인 '점'과 같은 물체입니다.

과학자들을 혼란에 빠뜨린 것은, 물질을 구성하는 기본인 이러한 점과 같은 물체들이 큰 행성과 태양을 포함해서 우리가 일상 세계에서 감지할 수 있는 상대적으로 큰 물체들과 다르게 행동한다는 사실입니다. 원자와 아원자 입자들의 움직임은 고전 물리학이 대상으로 했던 더 큰 물체들의 행동에 비해 수수께끼로 남아 있는 부분이 많습니다.

예를 들어, 이 미세한 입자들은 우리의 일상생활이 의존하고 있는 인과법칙을 따르지 않는 것처럼 보입니다. 이 입자들은 한순간에 어떤 장소에 있다가, 다음 순간 뚜렷한 이유 없이 다른 장소에 있을 수도 있습니다. 사실, 연구자들은 양자 세계 어디에서도 확실성을 찾을 수 없었습니다. 이 장에서 저는 시간에 대한 이해에 영향을 미치는 양자물리학의 몇 가지 주요 원칙을 요약해 소개할 것입니다. 더 심층적 연구에 대해 알고 싶다면 부록 A를 참고하세요.

관찰자 효과 The Observer Effect

양자 세계가 얼마나 환상적일 수 있는지, 예를 하나 들어보겠습니다. 우리 눈에 보이는 세계에서 연못을 향해 총을 쏘면 총알은 물에 부딪힐 겁니다. 그 순간 총알과 접촉한 수면으로부터 점점 더 큰 동심원으로 퍼져나가는 파동이 만들어질 것이고, 그 파동은 결국 연못의 가장자리에 도달할 것입니다.

만약 연못 위쪽으로 총알을 하나 더 쏘면, 그것은 공중을 날아서 연못 너머 어딘가의 땅에 떨어질 것입니다. 두 경우 모두 총알은 한 장소에서 다른 장소로 이동합니다. 그러나 연못 위의 허공으로 쏜 총알은 물에 쏜 총알처럼 눈에 보이는 파동을 만들지는 못할 것입니다.

이제, 이 시나리오가 광자光子: photon와 같은 아원자 입자에 적용된다고 상상해 보겠습니다. 광자는 작은 에너지 꾸러미로 존재한다는 것을 제외하고는 총알과 다를 것이 없습니다. 광자는 연못의 물을 향해 발사되어 파동을 일으키는 총알처럼 행동하기도 하고, 연못 위의 허공으로 쏘아져서 파동을 일으키지 않는 총알처럼 행동하기도 합니다.

양자 과학이 출현하기 전, 과학자들은 빛이 파동일 때만 설명될 수 있는 특성을 가지고 있다고 믿었습니다. 100여 년 후, 알버트 아인슈타인은 빛의 특정 주파수들은 입자와 같은 개별적인 에너지 꾸러미로도 존재한다는 사실을 증명했습니다. 그 후 행해진 실험들은 빛이 때로는 파동처럼 행동하고 때로는 입자처럼 행동한다는 것을 보여주었습니다. 놀랍게도 광자가 어떻게 행동할지는 과학자(관찰자)들의 행동 여부에 달린 것으로 밝혀졌습니다. 또한 과학자들은 광자를 파동과 입자로 동시에 관찰하는 것이 불가능함을 알게 되었습니다.

과학자들이 광자들을 관찰했을 때 뭔가 엄청난 일이 일어났고, 그 사건으로 인해 과학자들의 생각이 바뀌게 됐습니다. 어떻게 해서 입자는 관찰될 때는 입자처럼 행동하고 관찰되지 않을 때는 파동처럼 행동할 수 있을까요? 앞서 예를 든 총알처럼 눈에 보이는 물체와는 달리, 광자는 마치 수수께끼로 존재하는 듯 보입니다. 결론적으로, 광자는 관찰 여부에 따라 입자일 수도 있고 파동일 수도 있습니다.

이것은 양자이론에서 나온 가장 환상적인 결론 중 하나일 것입니다. 광자는 광자입니다. 마법처럼 어떤 물체가 갑자기 다른 것으로 바뀌는 일은 있을 수 없습니다. 과학자들이 광자를 지켜보든지 지켜보지 않든지 아무 상관이 없어야 합니다.

그러나 실험에 따르면(물리학자들이 쓰는 용어로 표현하자면), 관찰이란 행동은 '파동 함수의 붕괴'를 야기해 광자를 입자로 만드는 것처럼 보였습니다. 이 논란이 광자로 시작되었지만, 단지 광자에만 국한된 것이 아니라는 점이 중요합니다.

가장 유명한 이중 슬릿 실험(부록 A 참조)과 그와 유사한 실험들이 중성자에서 원자, 심지어 더 큰 분자에 이르기까지 모든 것을 대상으로 수행되었습니다. 관찰이 파동을 입자로 붕괴시킨다는 '파동-입자 이중성'은 자연에서 가장 기본적인 입자의 행동을 지배하는 것처럼 보입니다. 사실, 물질을 구성하는 것들[2]을 포함한 모든 기본적인 아원자 입자들[3]은 입자와 파동, 양쪽으로 행동하는 기이한 현상을 보입니다.

결과적으로, 인간은 과학적이고 측정 가능한 물리적 세계의 요소로서 양자 혼합quantum mix(양자 상태의 확률적 혼합-역주)을 받아들이게 되었습니다. 그리고 이 현상에는 '관찰자 효과'라는 이름이 붙여졌습니다.[4] 인간의 관찰, 즉 주의 집중이 현실을 조립하는 데 역할한다는 사실을 시사하는 양자물리학의 원리가 된 것입니다.

관찰자 효과는 고전 물리학의 법칙을 위반했을 뿐만 아니라 주변 세계에 대한 우리의 경험과는 완전히 모순되는 것이었지만, 무시할 수 없었습니다. 거의 100년이 지난 지금, 미시적 양자 세계에서 일어나는 일이 우리의 일상적이고 거시적인 세계에서도 일어나고 있음을 보여주는 훌륭한 증거들이 점점 더 늘어나고 있습니다.

일부 연구자들은 관찰자 효과의 원천을 의식 그 자체로 해석하기도 합니다. 일부 과학자 집단에서는 '의식이 붕괴를 야기한다'라는 문구가 '관찰자 효과'와 동의어로 쓰인다고 합니다. 양자이론의 창시자인 막스 플랑크Max Planck는 이렇게 말했습니다.

"나는 의식이 그 토대라고 보고, 물질이 의식에서 파생된 것이라 간주합니다. 우리는 의식 뒤에 숨을 수 없습니다. 우리가 이야기하는 모든 것, 우리가 존재한다고 간주하는 모든 것은 의식을 상정합니다."[5]

양자 중첩 Quantum Superposition

만약 가장 작은 형태의 물질들이 관찰되기 전까지 가능성으로 존재한다면 어떤 일이 일어날까요? 과학자들은 그것이 관찰되기 전까지는 동시에 여러 상황에 존재한다는 이론을 세웠습니다. 1935년 오스트리아의 물리학자 에르빈 슈뢰딩거Erwin Schrödinger는 광자보다 더 큰 것을 이용해 이 아이디어를 설명할 방법을 생각해냈습니다. 바로 고양이입니다. 고양이가 다치지 않을까 걱정하지 않아도 됩니다. 이론적인 사고실험思考實驗이었으니까요.

먼저, 살아있는 고양이를 독가스 방출 장치와 함께 상자에 넣는다고 상상해 보세요. 가스가 방출되면 고양이는 죽습니다. 자, 이제 가스 방출 여부를 결정하기 위해 당신이 동전을 던진다고 가정해 보겠습니다. 동전을 1회 던질 때 가스가 방출될 확률은 수학적으로 50%입니다. 동전의 앞면이나 뒷면 중 한쪽이 나올 확률입니다. 그런 다음 상자를 열어서 들여다보면 살아 있는 고양이나 죽어 있는 고양이를 발견하게 될 것입니다.

만약 상자 안에 든 것이 양자 입자였다면, 상자를 열었을 때 관찰하는 행위가 양자의 상태를 변화시킬 것입니다. 이 상황에 고양이를 대입하면 상자를 열어 확인하는 행위가 고양이의 생사 여부를 바꿔놓을 것입니다. 즉 고양이는 '양자 중첩'으로 알려진 상태에 있으며, 이는 고양이가 살아있는 동시에 죽어 있다는 의미가 됩니다. 광자가 파동이면서 입자일 수 있는 것처럼, 고양이는 살아있는 동시에 죽어 있을 수 있습니다. 슈뢰딩거의 이 결론은 의심할 바 없이 우주를 지배하고 있다고 여겨지는 인과법칙에 어긋나기 때문에 과학자들을 매우 괴롭혔습니다.

사실, 슈뢰딩거는 양자역학의 불완전성을 비판하기 위해 이런 사고실험을 했습니다. 대부분의 사람들도 독극물이 방출되었는지 아닌지를 문제 삼습니다. 우리가 확인하든 하지 않든, 독극물의 방출 여부에 따라 상자 안의 고양이는 죽거나 살아 있을 것이라 생각하니까요. 슈뢰딩거의 고양이는 양자역학의 기이한 세계를 설명하기 위해 보편적으로 사용되는 사고실험입니다. 가시적이고 거시적인 세계를 지배한다고 여겨지는 법칙을 따르지 않는 양자 세계가 어떤 식으로 움직이는지 보여주는 것입니다.

양자 얽힘 Quantum Entanglement

더욱 기이한 얘기입니다. 양자물리학은 입자들이 방의 반대쪽에 있거나 우주의 반대편 끝에 있더라도, 어떻게든 순간적으로 서로 통신할 수 있다고 가정합니다. 이렇게 연결된 입자들의 상태를 '얽혀있다'라고 표현하는 거고요.

양자 얽힘은 다음과 같은 방식으로 작동합니다. 당신과 친구가 매우 특별한 카드 두 벌을 가지고 있다고 가정해 보세요. 당신이 카드를 넘길 때 친구가 동시에 카드를 넘기면, 당신이 보는 것과 똑같은 카드를 볼 수 있습니다. 친구가 카드를 넘기는 순간, 당신이 스페이드 에이스를 뒤집는다면, 친구 또한 스페이드 에이스를 봅니다.

이런 특별한 카드처럼, 과학자들은 두 개의 광자를 얽은 다음에 한 개의 광자를 다른 위치로 보낼 수 있습니다. 어떤 과학자가 편광과 같은 광자의 어떤 특성을 측정한다면, 다른 위치에 있는 과학자는 즉시 다른 광자에 대해 같은 것을 알게 되는 겁니다. 광자만이 아니라 다른 종류의 입자에서도 얽힘이 나타났습니다. 여기서는 관찰자 효과도 작용하는데, 입자의 그런 특성이 관찰되기 전까지는 알려지지 않기 때문입니다. 두 개의 광자가 수백 마일 떨어져 있더라도, 한 광자에게 무슨 일이 일어나면 마치 서로에게 즉시 신호를 보내는 것처럼 다른 광자에게 즉시 영향을 미칠 수 있다는 사실이 과학자들에 의해 밝혀진 것입니다.

양자물리학의 다른 많은 측면과 마찬가지로 이 발견은 어마어마한 문제입니다. 만약 얽힌 입자들이 서로에게 즉시 신호를 보낼 수 있다면, 그들 사이에서 전달되는 것이 무엇이든 빛의 속도보다 빠르게 이동하는 것처럼 보입니다. 기존의 과학 이론에 따르면, 빛보다 빨리 이동할 수 있는 것은 존재하지 않습니다.

과학자들은 기존 과학에 굴하지 않고 양자 얽힘이 더 먼 거리에서도 발생한다는 사실을 보여주기 위해 애쓰면서, 물리적 세계에 대한 우리의 믿음에 도전하고 있습니다. 입자가 어떻게 얽히는지, 또는 무엇이 이 '광속보다 빠른' 상관관계를 야기하는지 아직 설명되지는 않고 있습니다. 그러나 과학자들의 실험은 의심할 바 없이 무언가가 이 현상을 유발한다는 것을 증명했습니다. 아인슈타인은 '멀리서 일어나는 유령 같은 작용spooky action at a distance'이라 칭하며 미심쩍어했지만, 얽힘 현상은 매우 실제적입니다.[6]

모든 것의 이론 The Theory of Everything

이 시점에서 물리학자가 아닌 사람들은 다음과 같은 매우 뻔한 질문을 떠올리고 있을 겁니다. '아원자와 미시적인 개별 입자들이 뭉치고 뭉쳐서 가시적이고 거시적인 물질이 되었을 때는 왜 입자들이 하는 행동을 하지 않는 거지?'

미시세계를 지배하는 양자역학과 거시세계를 지배하는 일반 상대성이론 모두 놀라울 정도로 잘 입증된 이론입니다. 두 이론 모두 때로는 일반적으로 인정된 현실에 위배되는 듯 보이는 특이한 결과를 시사하지만, 엄격하게 검증해보면 늘 각각의 이론이 도출한 결론을 지지합니다.

두 이론 모두 네 가지 기본적인 힘이 양자 입자의 미시적인 세계뿐만 아니라 우리가 감지할 수 있는 거시적인 세계에도 영향을 미친다고 주장합니다. '중력'은 행성과 은하계를 제자리에 고정하는 역할을 하는 힘입니다. '전자기력'은 전자를 원자핵에 묶고 원자를 분자로 묶습니다. '강력'은 원자핵과 쿼크를 결합시키고, '약력'은 원자핵의 느린 붕괴를 야기합니다. 어떻게 완전히 다른 두 세계에 네 가지의 동일한 힘이 작용할 수 있을까요?

과학자들은 미시세계와 거시세계 모두에 적용되는 방식으로 네 가지 힘을 서로의 관점에서 설명하는 이론을 개발하려고 노력해왔습니다. 미시적이고 거시적인 것을 모두 정확하게 설명하는 하나의 이론을 개발하려는 이런 시도를 '모든 것의 이론' 또는 '통일장 이론unified field theory'이라 부릅니다.

아인슈타인은 그의 인생 마지막 30년을 일반 상대성이론이 설명하는 대상인 거시세계에서 명백히 작용하고 있는 전자기력과 중력을 연결하는 일에 바쳤습니다.[7] 이후 과학자들은 중력을 제외한 세 가지 힘을 연결하면서 이 추적을 계속해왔습니다.[8] 활발하게 연구되는 분야이지만, 아직 네 가지 힘을 모두 융합하는 궁극적인 성과는 이루지 못했습니다.

만약 네 가지 힘의 융합이 성취된다면, 시간 경험을 바꾸는 일에 관심 있는 사람들에게 큰 영향을 미칠 것입니다. 양자역학의 법칙이 가시세계에서의 더 크고 거시적인 입자 묶음에 눈에 띄는 영향을 미치고, 심지어 물질을 조립하고 시간의 현실을 바꾸는 데도 역할을 한다는 것을 시사할 테니까요. 최근에는 '양자 중력'과 '모든 것의 이론'을 동일시할 정도로 중력을 다른 세 가지 힘과 연결시키는 야심 찬 연구를 계속하고 있습니다. (모든 것의 이론의 배후 연구에 대해서는 '부록 A : 다하지 못한 과학 이야기'를 참고하세요.)

모든 것의 이론 중에 두 가지가 두드러지는데, 그중 하나가 끈 이론string theory입니다. 끈 이론은 우주가 두 가지 유형의 진동하는 작은 끈들로 이뤄져 있다고 가정합니다. 하나는 양쪽 끝이 열린 끈이고 다른 하나는 닫힌 고리의 끈입니다. 이 끈들이 늘어나고 연결되고 진동하고 분열하는 방식을 통해, 일반 상대성이론의 거시세계와 양자이론의 미시세계를 포함한 우주의 모든 물질과 현상을 설명합니다.

'고리 양자 중력loop quantum gravity'이라 불리는 또 다른 이론은 우주가 양자 불확실성[9]의 대상이 되는 것을 포함하여 양자인 방식으로 행동하는 '고리들loops'의 네트워크로 구성되어 있다고 주장합니다.

지금까지 다룬 내용이 뭘 시사하는지 잠시 생각해볼까요? 만약 양자 얽힘이 진짜라면, 물질이 관찰될 때까지 중첩된 상태로 존재한다면, 관찰자 효과가 현실을 조립한다면 말입니다. 충분히 오래 기다리기만 하면 말 그대로 어떤 일도 일어날 수 있는 것입니다. 사람들의 마음속에 있는 생각과 의도의 총합을 생각해보면, 그 가능한 일은 무한합니다.[10] 비행기가 당신 집 뒷마당에 착륙할 수도 있다는 말입니다.

그리고 당신은 시간을 늘일 수도 있고 휘어지게 할 수도 있습니다. 그러므로 시간이 작용하는 방식을 설명하는 저의 공식이 어떤 의미에서는 '모든 것에 대한 이론'일 수 있습니다. 앞에서도 보았듯이 중력과 양자이론을 통일장 이론으로 결합하는 과학 이론은 관찰에 의존합니다. 저는 이 관찰을 '집중된 지각'이라고 부르고요. 아원자 입자의 상태는 외부 관찰자인 당신에 의해 결정될 때까지 결정되지 않습니다. 이는 시간을 포함한 현실이 한편으로는 물리적이고 한편으로는 지각이라는 것을 의미합니다.[11] 당신은 이 공식의 지각 부분을 제어할 수 있으므로, 시간에 대한 지각을 제어할 수 있는 것입니다.

그렇다면 왜 '말 그대로 별다른 일'은 더 자주 일어나지 않는 걸까요? 어쩌면 별다른 일은 우리가 생각하는 것보다 더 자주 일어날 수도 있습니다. 예컨대 당신이 유리잔을 손에서 놓쳤고, 그 잔이 바닥에 부딪히기 전에 잡을 수 있을 정도로 느린 속도로 떨어지는 것을 봤다고 가정해 볼까요? 그러면 당신은 그 일이 어떻게 일어났는지 설명할 논리적 근거를 잠깐 생각해보겠지만, 이상한 일도 다 있다고 생각하고는 하던 일을 계속할 것이고 금세 잊어버릴 겁니다. 대개의 경우, 우리는 이런 경험을 중요하게 생각하지 않습니다. 적당한 이유를 대서 스스로를 설득하고는 흘려버리는 것이 보통입니다. 왜 그러는 걸까요? 그런 경험들은 현실에 대한 우리의 믿음에 부합하지 않기 때문입니다.

그러나 과학자들은 이러한 일들이 거시세계에서 실제로 일어난다는 증거를 점점 더 많이 보여주고 있습니다.[12] 윈스턴 처칠은 그의 정적인 스탠리 볼드윈Stanley Baldwin 총리에 대해 "가끔 그는 진실에 걸려 넘어졌지만, 그때마다 아무 일도 없었던 것처럼 일어나 서둘러 가던 길을 갔다"라고 말했다고 전해집니다.[13] 특별한 경험을 하고도 그 경험을 아무것도 아닌 것으로 치부하는 우리 모두에게도 같은 말을 할 수 있을 것입니다.

'진실에 걸려 넘어지는 것'을 가리키는 또 다른 용어가 '선택적 주의selective attention'입니다. 선택적 주의는 동시에 발생하는 다른 사상들을 배제하고 하나의 사상에 집중하는 것을 가리킵니다. 그 멋진 예는 한 무리의 사람들이 몇 개의 농구공을 서로에게 패스하는 동영상일 겁니다. 이 영상에서 선수들은 검은색과 흰색 셔츠를 입고 있는데, 내레이터는 시청자에게 흰색 옷을 입은 한 선수가 농구공을 패스하는 횟수를 세어보라고 지시합니다. 만약 당신이 그 영상을 본 적이 없다면, 이 책을 더 읽기 전에 영상을 찾아보기 바랍니다. (다음 내용이 스포일러가 될 수 있으니까요.)

영상의 마지막에서 내레이터는 시청자에게 고릴라를 보았는지를 묻습니다. 아니나 다를까, 고릴라 복장을 한 누군가가 선수 무리 안으로 들어가 카메라를 향해 돌아서더니 자신의 가슴을 몇 번 두드리고는 다시 걸어 나옵니다. 하지만 대부분의 사람들은 고릴라를 전혀 눈치채지 못합니다.[14]

선택적 주의의 완벽한 예입니다. 이렇게 우리는 고릴라 복장을 한 사람처럼 크고 분명한 대상을 놓치기도 합니다. 주의의 초점이 다른 곳에 가 있고 고릴라 같은 것이 보일 거라고는 전혀 예상하지 않기 때문입니다. 고릴라가 있을 리 없다고 생각하기에 우리의 뇌는 고릴라의 모습을 처리하지 않고 흘려보냈던 겁니다.

마찬가지로, 보이는 모든 것이 물리학의 물질에 관한 (고전적인) 법칙을 따를 것이라고 예상한다면, 그리고 양자역학이 우리의 더 큰 세계에서도 작동한다면, 우리는 실제로 일어나고 있는 일을 흘려보내거나 무시하고 있을 수도 있습니다. 왜 비행기는 우리 집 마당에 착륙하지 않는데 피클은 늘 우리 무릎에 착륙할까요? 우리는 자신이 기대하는 바를 얻기 때문입니다. 대부분의 경우 그렇습니다.

양자역학의 많은 부분이 여전히 이론적이지만, 거시세계에 양자이론을 적용하는 연구는 양자역학이 큰 것, 작은 것, 그리고 그 사이에 존재하는 모든 것의 현실에 적용된다는 사실을 증명할 수도 있습니다. 우리의 기대는 과학이 가능하다거나 진실이라고 밝히고 있는 것들의 충실함에 부합하지 않을 수도 있습니다. '선택적 주의'의 반대는 제가 '집중된 지각'이라고 부르는 것입니다. '집중된 지각 상태'에 있는 사람은 무아지경, 몰입, 그리고 '절대현재'와 같은 용어로 특징지어지는 더 높은 의식 상태를 경험합니다.

다음 장에서는 우리가 하는 시간 경험에서 인간의 지각이 얼마나 큰 역할을 할 수 있는지를 보여줄 예정입니다. 또한 지각에 영향을 미치거나 심지어 통제까지 할 수 있는 우리의 능력을 보여주는 추가적인 증거를 탐구할 것입니다.

04

보이지 않는 것이 어떻게 보이는 것을 창조하는가

현실이란 것이 한편으로는 물리적이고 다른 한편으로는 지각일 수 있음을 인정하면, 우리는 어디에서나 고릴라를 보기 시작합니다. 현대 과학의 일부는 수십 년 동안 보이지 않는 힘이 보이는 '장면scene'을 변화시키고 있을 수도 있다는 전제를 연구하여, 설득력 있는 증거 자료를 축적해 왔습니다.

비언어적 커뮤니케이션이
전류를 바꿀 수 있다

가장 그럴듯한 증거 가운데 하나는 난수 발생기를 사용한 실험입니다. 1990년대에 프린스턴대학의 딘 라딘Dean Radin과 동료 연구자들은 '글로벌 의식 프로젝트'란 연구를 수행했습니다. 이 프로젝트의 목적은 전 지구와 같이 큰 집단의 사람들이 비물리적인 수단을 사용한 의사소통을 하고 있는지 여부를 규명하는 것이었습니다.

각각 독립적으로 난수 발생기를 실행하는 전 세계의 컴퓨터 네트워크를 사용한 실험을 진행한 결과, 2001년 9월 11일과 같이 '글로벌한 사건'이 진행되는 동안 무작위 소스 네트워크의 행동에 변화가 있었음을 알게 되었습니다.

9.11과 같은 사건이 일어나면 엄청난 수의 사람들이 동일한 감정을 공유할 가능성이 있습니다. 비록 과학자들이 어떻게 그리고 왜 그런 일이 일어났는지 알아내지는 못했지만, 사람들이 동시에 느끼는 감정은 무작위적인 숫자를 생성하는 시퀀스와 상관관계가 있었습니다. 그 효과가 무작위적일(통계적으로 무의미할) 확률은 10억분의 1 미만으로 계산되었습니다.

수십 년에 걸친 유사한 실험을 통해 350개 이상의 개별 검증이 실행됐습니다. 단 하나의 개별 사건에서 나타난 결과는 상관관계를 뒷받침하기에 미미했지만, 수많은 실험이 결합된 결과는 더욱 유의미했습니다. 라딘과 다른 연구자들에 따르면, 이렇게 달리 설명할 수 없는 상관관계는 전적으로 예측 가능한 장비에서 변화가 일어났고 대재앙이란 사건에 대한 수백만 명의 반응에서만 그 이유를 찾을 수 있었다고 합니다.[1]

프로젝트가 찾아낸 결과에 대한 비판에는 어떤 유형의 사건이 중요하다고 여겨지는지에 대한 질문, 사건 중 무작위 데이터에 사용된 변량의 기준에 대한 질문, 실험이 블라인드 테스트가 아니었다는 지적 등이 포함되어 있습니다. 이는 데이터의 변량을 비교할 수 있는, 즉 대재앙이 일어나지 않은 지구상의 사건이라는 유사 버전이 실험에 포함되지 않았다는 것을 의미합니다.

그럼에도 불구하고, 이 연구는 많은 사람들에게 영향을 미치는 감정이 측정 가능한 효과를 가질 수 있는지를 궁금해하는 연구자들을 사로잡았습니다. 과학은 측정 가능한 모든 것을 '실재하는 것'으로 간주합니다.

인간의 생각은 다른 사람의 생각, 느낌, 행동에
영향을 미칠 수 있다

1990년 미국 심령연구협회지에 '원거리의 정신적 영향distant mental influence' 이론에 관한 논문 한 편이 실렸습니다. 이 논문은 피실험자들이 혈액 세포, 특히 시험관에 들어 있는 혈액 세포의 파괴나 용혈 속도에 영향을 미칠 수 있음을 시사했습니다.[2] 논란의 여지가 있는 이 연구는 트랜스퍼스널 심리학의 한 분야로서, 보통 초감각적 지각 ESP이라 불리는 현상을 연구합니다. 이 연구를 주도한 윌리엄 브로드 William Braud는 1983년과 2000년 사이에 동료 리뷰 저널에 발표된 논문들을 모아 20년간의 연구 결과를 발표했습니다.[3]

브로드의 원거리 정신적 영향 이론은 특정 조건하에서 타인과 살아 있는 유기체의 생각, 이미지, 감정, 행동, 생리적/신체적 활동을 알아차리고 영향을 미치는 것이 가능하다는 것입니다. 영향을 주고받는 대상이 공간적으로나 시간적으로 매우 멀리 떨어져서 통상적인 감각이 미치는 범위 밖에 있을 때조차 영향을 주고받는 일이 가능함을 암시합니다. 이런 연구에서는 일반적인 알아차림이나 영향을 미치는 방식들modes이 배제되기 때문에, 기존의 자연과학이나 행동과학, 사회과학이 인정하는 것 이상의 보이지 않는 상호작용 및 상호 연결 방식을 나타낼 수 있는 것입니다.[4]

인간의 지각이 시간을 포함한
현실을 변화시킨다

앞의 예들은 우리의 생각과 의도가 특정 형태의 물리적 현실에 영향을 미칠 수 있다는 증거를 보여줍니다. 그렇다면 우리의 생각과 의도가 구체적으로 시간에 영향을 미칠 수 있을까요? 대답은 '그렇다'입니다. 게다가 꽤나 흔히 일어나는 일인 듯합니다.

운동선수들이 '무아지경zone' 상태에서 최고의 경기력을 보여준다는 얘기를 들어본 적이 있을 것입니다. 1956년부터 1969년까지 보스턴 셀틱스Boston Celtics에서 센터로 뛰었던 전설적인 프로 농구 선수 빌 러셀Bill Russell은 그의 자서전 『두 번째 바람: 독단적인 사람의 회고록Second Wind: The Memoirs of an Opinionated Man』에서, 자신의 눈앞에서 경기하는 동작을 느리게 만듦으로서 마법 같은 상황이 펼쳐진 '신비한 느낌'을 묘사합니다. 그의 말입니다.

그 특별한 수준에서 온갖 이상한 일들이 다 일어났어요. 나는 극도의 압박감에서 젖 먹던 힘까지 짜내는 중이었죠. 죽어라 하고 달릴 때는 폐가 찢어져 입 밖으로 튀어나올 것 같았지만, 이상하게 고통이 느껴지지 않았어요. 경기는 너무 빨리 진행되어 모든 속임 동작, 가로채기, 패스가 무시무시한 속도로 이루어졌습니다. 하지만 아무리 빠른 동작에도 나는 놀라지 않았어요. 내 느낌에는 마치 경기가 슬로 모션으로 진행되는 것 같았거든요.

그런 상태가 지속되는 동안, 다음 플레이가 어떻게 전개되고 다음 슛이 어디에서 발사될지가 거의 다 느껴졌어요. 상대 팀 선수가 공을 튀기면서 움직이기 전부터 팀원들에게 "저기로 공이 간다!"라고 외치고 싶을 정도로 예리하고 분명하게 느낄 수 있었죠. 하지만 내가 소리치면 꿈에서 깨어나듯 이 모든 상황이 바뀔 것 같았어요. 어쨌든 내 예감은 한결같이 적중했어요. 그때마다 나는 우리 팀 선수는 물론 상대팀 선수까지 마음으로 알고 있었고, 그 선수들도 나를 알고 있다고 느꼈습니다.[5]

다른 많은 운동선수들도 이런 상태에 대해 묘사합니다. 시간이 느려질 정도로 몰입하는, 거의 꿈결과도 같은 상태입니다. 그럴 때 그들 앞에 펼쳐지는 상황은 슬로 모션으로 진행됩니다. 의식적인 생각이 없는 순수한 경험인 것입니다.

빌 러셀과 같은 운동선수들은 어떻게 시간이 느려지는 이런 상태에 들어갈 수 있을까요? 어떻게 무슨 일이 일어날지 미리 알고 비범한 묘기를 펼칠 수 있을까요? 수많은 이론과 연구가 시간의 속도가 느려지고 빨라지는 현상을 밝히기 위해 노력해 왔습니다. 당신이 잠에 빠져 오랫동안 진행된 꿈을 꿨는데, 잠에서 깨어보니 겨우 1~2분밖에 되지 않았던 적이 있지 않나요? 어떤 생각이나 과제에 깊이 빠져 있다가 시계를 보니 몇 시간이 그냥 흘러갔던 적도 있지 않나요?

미하이 칙센트미하이Mihaly Csikszentmihalyi는 그의 책 『몰입Flow』에서 문화, 성별, 인종, 국적에 상관없이 전 세계 사람들에게 인정받는 인간 경험의 자기 초월적 차원을 밝혀냅니다. 미하이는 그런 상태를 강도 높은 도전과 도전에 대처하는 높은 능력의 산물인 '몰입'이라고 칭합니다(아래 그림 참조). 몰입 상태의 특징은 깊은 집중력, 매우 효율적인 수행, 감정의 고양, 높은 숙달감, 엷어진 자의식, 그리고 자기 초월입니다.[6]

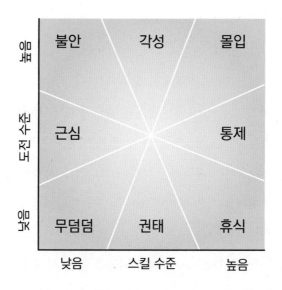

몰입: 높은 도전과 도전에 대처할 수 있는 높은 능력의 산물.
『몰입: 최적 경험의 심리학(뉴욕: 하퍼 콜린스, 2009)』에서 인용.

어떤 사람들은 이 몰입 상태를 '무아지경에 들었다'라거나, '현재 순간' 또는 '절대 유일의 지금Now 안에 있음'이라고 칭합니다. 이는 시간이 우리가 기대하는 대로 작동하지 않는 것처럼 보이는 지각의 상태입니다. 연구들은 '지금'에 주의를 기울이거나 집중하면 우리 뇌의 시간 지각을 늦출 수 있음을 보여줍니다. 즉 의도적으로 우리의 지각에 집중함으로써 시간 경험을 느려지게 할 수 있다는 것입니다.

우리의 시간 경험이 지각에 의해서 어떻게 바뀔 수 있는지 더 깊이 살펴보겠습니다. 운동선수들뿐 아니라 뇌에 이상이 있는 사람들도 느려진 시간 감각을 경험합니다. 특히 움직임에 대한 지각 기능이 손상되었을 때 그렇습니다. 뇌에 동맥류aneurysm가 있는 한 환자를 대상으로 자이트라퍼Zeitraffer 현상과 아키네톱시아akinetopsia를 연구한 논문이 있습니다.[7]

자이트라퍼 현상은 움직이는 물체의 속도에 대한 지각이 바뀌는 것이고, 아키네톱시아는 움직임을 볼 수 없는 것입니다. 이 환자는 마치 슬로 모션으로 상영하는 영화를 보듯이 샤워기 꼭지에서 쏟아지는 물이 허공에 정지해 각각의 물방울들이 눈앞에 매달려 있는 것을 본 경험을 설명했습니다.

물론 연구자들은 간질epilepsy이나 뇌졸중 같은 신체상의 질병이 있을 때만 이런 현상이 발생한다고 믿는 경향이 있습니다. 하지만 앞서 제 친구 빌의 예에서 언급했던 것처럼, 생명의 위협을 받는 급박한 상황에 맞닥뜨린 사람들도 시간이 느려지는 것을 경험합니다. 노예스 Noyes와 클레티Kletti는 수십 년에 걸쳐 이 현상을 연구했는데, 죽음에 가까이 갔던 사람들 중 70% 이상이 시간이 느려지는 감각을 경험했다고 합니다.[8]

또한 피실험자들의 생각하는 속도는 정상 기준치의 100배까지 증가해서 그들이 처한 상황과 관련된 사건들을 객관적이고 명확하게 인식했습니다. 또한 시간이 엄청나게 확장된 것처럼 보였기 때문에 사람들은 번갯불처럼 빠른 속도로 진행되는 사건들에서도 자신이 뜻한 대로 정확하게 대응할 수 있었습니다.[9]

여덟 살 때 지붕을 뚫고 추락하는 공포스러운 경험을 한 연구자 데이비드 이글먼David Eagleman은 근사체험을 경험했고, 이에 매료되어 근사체험을 더 상세하게 규명하는 연구에 몰두했습니다. 이글먼은 스캐드 다이빙*이라 불리는 통제된 공포 경험을 기꺼이 감수한 몇몇 자원봉사자들과 함께 실험을 진행했습니다.[10]

실험 참가자들이 착용한 시간 측정 장치를 통해 그가 도출한 결론은, 시간을 느리게 느끼도록 만드는 것은 실제 경험이 아니라 경험에 대한 기억이라는 겁니다. 이글먼은 우리가 '공포'라고 명명한 모드에

---

* 스캐드(SCAD-Suspended Catch Air Device) 다이빙이란 고탄력의 SCAD 그물망을 이용해 아무런 장비 없이 고공에서 자유낙하하는 모험 레저를 말한다.

있을 때, 우리의 뇌는 정상보다 기하급수적으로 많은 정보를 받아들인다고 이론화했습니다. 그리고 나서 우리는 그 경험을 아주 자세하게 기억하는데, 시간이 느려지는 느낌은 그 일을 겪은 후 우리의 뇌가 기억을 처리하는 방식과 관련 있음을 시사합니다.

다른 연구도 있습니다. 프랑스 블레즈파스칼대학Blaise Pascal University의 실비 드루와-볼레Sylvie Droit-Volet와 푸아티에대학University of Poitiers의 산드린 길Sandrine Gil은, 피험자들이 극도의 공포를 경험할 때 시간이 느려졌다는 인식은 인간의 '내부 시계'가 변화되었기 때문이라고 이론화했습니다. 그들은 피실험자들에게 다른 감정 상태를 유발하는 세 가지 종류의 영화 클립들을 보여준 후, 특정 사건들이 얼마나 오래 지속되었는지 추정할 것을 요구했습니다. 공포로 가득 찬 영화를 본 후, 피실험자들은 사건이 실제보다 더 오래 지속되는 것으로 인식했습니다. 공포가 시간의 '느려짐'을 촉발한 것입니다. 나머지 두 종류의 영화를 본 후에는 시간에 대한 지각 왜곡이 일어나지 않았다고 합니다.

왜 이런 일이 일어나는지에 대한 이론을 세우면서, 연구자들은 느려진 시간의 경험은 생리적인 동시에 지각적인 것이라고 설명했습니다. 즉 높아진 혈압, 확장된 동공, 혈액으로 방출된 전투-도피Fight or Flight 반응과 관련된 화학물질 등은 신체의 각성 상태를 유발하며, 이는 우리 내부 시계를 가속화하는 효과를 냅니다. 이에 따라 우리의 외부 시간이 느려진다는 의미입니다.

물론 흥미로운 견해들이긴 하지만 여기에는 약간의 설명이 필요합니다. 제게는 '공포'와 '위험'의 느낌에 차이가 있기 때문입니다. 이를테면 늦은 밤 집에서 나는 이상한 소리와 같은 공포를 느낄 때는 시간의 속도가 느려지지 않지만, 운전 중에 차를 통제하지 못하는 것과 같은 극도의 위험을 느낄 때는 몰입이나 무아지경, 절대적 현재Now 상태에 있는 운동선수처럼 시간에 대한 지각이 느려졌습니다.

데넷Daniel C. Dennett과 마르셀Marcel Kinsbourne의 연구 결과는, 느려진 시간에 대한 우리의 경험에는 단순히 기억과 화학물질 이상의 것이 있다는 제 견해를 지지할 수도 있을 것 같습니다. 그들의 논문「시간과 관찰자: 두뇌 속 의식의 장소와 시간Time and the Observer: The Where and When of Consciousness in the Brain」에 따르면, 그들은 느려진 시간 경험을 설명하기 위해 눈, 신경, 뇌가 우리가 보는 것을 어떻게 처리하는지 연구했습니다.

그들은 뇌가 처리 속도를 높이기 위해 설계한 피드백 루프를 이용해 시각 정보를 처리한다는 이론을 세웠습니다. 이 피드백 루프는 시신경을 우회해서 망막을 통해 눈으로 무엇을 보게 될 것인지를 뇌가 직접 지시합니다. 극도의 위험에 처해서 많은 정보를 신속하게 처리해야 할 때, 뇌는 이미지를 순서대로 처리하지 못할 수도 있습니다. 이때 어떤 사건을 보는 사람은 시간이 느리게 흐른다고 지각하게 되는 겁니다.

연구자들은 사람들이 실제로 객관적 시간을 늦추는 것은 아니라고 결론짓지만, 어쨌든 시간을 인식하는 속도가 바뀔 수 있음을 시사합니다. 논리적인 결론에 따르면, 사람이 지각하는 시간의 속도가 (양자 이론에서 말하는) 관찰자가 기대하는 바에 따라 어떻게든 영향을 받는다는 것입니다.

얼마 전 나는 생명에 위협을 받는 상황을 경험했습니다. 고속도로를 시속 70마일로 달리고 있었는데, 내 차의 앞의 앞을 달리던 트럭의 화물칸에서 자전거 한 대가 떨어졌습니다. 주위의 차들이 이쪽저쪽으로 마구 방향을 틀었고, 내 차 정면으로 자전거가 덮쳐오는 것을 보면서 시간이 느려졌습니다. 그러더니 내 차가 자전거 옆을 교묘하게 회피해서 돌아가거나, 자전거 위를 지나가거나, 또는 자전거를 통과하는 것처럼 보였습니다. 지금까지도 저는 그중 어느 경우가 실제로 일어났는지 모릅니다. 제가 마지막으로 본 것은 백미러에 비친 도로의 자전거였습니다.

공포를 느낄 겨를도 없었지만, 돌이켜 생각해보면 저는 분명히 위험에 처해 있었습니다. 사건이 일어나는 동안, 사건에 대한 저의 지각은 몰입, 무아지경, 그리고 절대적 현재를 특징짓는 모든 요소를 포함하는 높은 각성 상태로 전환되었습니다. 다시 말해 그 상태에는 깊은 집중, 고도로 효율적인 수행, 감정의 고양, 강화된 숙달감, 옅어진 자

의식, 그리고 그 후에 자기-초월의 감각이 있었습니다.[11]

경찰서장 짐Jim도 비슷한 이야기를 들려주었습니다. 1983년 그는 무장 강도가 침입한 피자 가게로 출동했습니다. 현장에 도착해보니 세 명의 범인이 있었습니다. 이미 몇 차례 무장 강도 사건에 연루됐었고, 최근에는 고속도로 순찰 경찰에게 총을 쐈던 범인이라는 것을 바로 알 수 있었습니다.

강도들은 영업 시작 전부터 피자 가게에 들어가서 직원들을 모두 워크인 냉장고에 몰아넣었다고 합니다. 다행히 감금되지 않은 직원 하나가 911에 신고했던 겁니다. 짐이 도착한 순간, 무장 강도들이 피자 가게의 뒷문으로 나오기 시작했습니다. 짐은 건물 뒤쪽으로 통하는 골목으로 등을 돌리고 있는 다른 경관을 보았습니다. 짐은 몸을 숨길 수 있는 주차된 트레일러를 발견했고, 강도들이 눈에 띄는 경관에게 총을 쏘기 시작하는 것을 보았습니다. 강도 중 두 명은 다시 건물 안으로 들어갔고, 한 명은 근처 볼링장으로 도망쳤지만 곧 잡혔습니다.

다시 피자 가게로 들어간 두 명의 강도 중 하나가 한 손에는 돈 가방을 들고, 다른 한 손에는 총을 들고 자신을 향해 달려드는 경관을 겨누었습니다. 짐의 말에 따르면, 그가 몸을 숨기기 위해 트레일러 아래로 뛰어가는 순간부터 시간이 느려졌습니다.

"경찰이다! 총을 버려. 꼼짝 마!"

그가 총을 꺼내 들고 소리쳤을 때는 시간이 완전히 정지된 것처럼 보였습니다. 짐은 총을 세 발 쏘았는데, 그가 가장 먼저 알아차린 것은 총이 발사되는 소리가 전혀 크지 않았다는 것입니다. 실제로 그는 트레일러 뒤에 몸을 숨기고 팔을 내민 상태에서 오른쪽 어깨 너머로 자신의 총과 함께 멀리 떨어져 있는 강도를 바라보았기 때문에 그가 기억하는 대로 자기 총이 발사되는 소리를 들을 수 없는 상태이긴 했습니다.

짐이 방아쇠를 당길 때, 그는 틀림없이 시간이 느려진 것을 느꼈습니다. 짐의 총은 발사될 때마다 앞뒤로 움직이는 슬라이드가 달려 있고 탄피는 위쪽으로 튀어나오는 반자동 권총이었습니다. 짐은 슬로 모션으로 움직이는 슬라이드와 슬로 모션으로 튀어나오는 탄피를 보았습니다. 동시에 방아쇠를 당겨서 총이 발사될 때마다 그 반동으로 오른팔과 어깨가 슬로 모션으로 앞뒤로 움직이는 것을 느낄 수 있었습니다.

짐이 발사한 세 번째 총알이 강도의 다리를 맞췄고, 그가 쓰러졌습니다. 짐은 트레일러 아래에서 뛰쳐나왔고, 그 순간 시간의 흐름은 정상 속도로 돌아왔습니다. 강도를 제압한 다음에야 짐은 시간과 소리가 느려졌을 뿐 아니라 사격장에서 사용하는 총소리를 막는 보호구가 없었는데도 전혀 귀가 울리지 않았다는 사실을 기억해냈습니다.

그런 상태를 몰입[12]이라고 부르든, 무아지경이나 절대현재, 혹은 극도의 위험 상태라고 부르든, 저는 이 모든 용어들이 동일한 상태를 가리킨다고 믿습니다. 이 용어들은 하나같이 물리학의 고전 법칙이 왜 곡되는 것처럼 보일 뿐만 아니라 더 이상 적용되지 않을 수도 있는 상태, 고도로 높아진 지각의 특별한 상태를 지칭합니다.[13]

인간은 이 특별한 상태의 집중된 지각을 어렵지 않게 경험할 수 있지만, 대부분의 사람은 그런 상태를 마음대로 발생시키거나 통제할 수 없습니다. 다음 장에서는 우리가 혼자 힘으로 어떻게 이 상태에 도 달할 수 있는지를 설명합니다.

집중된 지각 상태와 뇌파

고도로 훈련된 전문가나 심각한 위험에 처한 사람이 극도로 강화된 인식과 최고 수준의 집중력을 경험하는 것은 그럴 수 있습니다. 그런데 누구나 이 집중된 지각 상태에 마음대로 접근할 수 있을까요? 나는 '그렇다'라고 믿습니다. 이때 핵심은 뇌파 상태입니다. 뇌파는 생각과 감정에 의해 생성되는 뇌의 전기적 활동을 나타내고, 생각과 감정이 일으킨 전기적 반응은 동일한 신경 경로를 따라 이동합니다.[1]

뇌의 전기적 활동은 뇌파기록EEG: electroencephalography을 통해 종이나 컴퓨터 모니터에 추적되고 기록됩니다. 뇌파 기록은 과학적으로 측정 가능한 것을 나타내기 때문에 뇌파는 우리 경험과 관련된 중요

정보를 제공합니다. 최근에 들어서야 우리가 통제하고 변화시킬 수 있는 특정한 수준의 집중과 뇌파가 어떻게 관련되는지를 볼 수 있을 정도로 뇌파 측정 기술이 발전하게 되었습니다.

뇌파의 주파수가 다르면 다른 종류의 경험에 해당하는지 여부를 검증하기 위해, 나는 애리조나주 세도나에 있는 바이오사이버넛 연구소 Biocybernaut Institute에서 진행하는 일주일간의 세션에 참여했습니다. 연구자들이 우리가 생성한 다양한 종류의 뇌파를 관찰하는 동안, 참가자들은 특정한 과제를 수행했습니다.

신경과학은 일반적으로 뇌파 주파수에 다섯 가지 유형이 있다고 말합니다. 즉 베타, 알파, 세타, 델타, 그리고 감마입니다. 누군가가 생성하고 있는 뇌파는 그들의 머리에 부착된 특별한 센서를 통해 측정될 수 있습니다. 그들에게 실시간으로 피드백을 주면, 자신의 생각과 감정을 의도적으로 조절해서 생성되는 뇌파를 변화시킬 수 있습니다. 그곳에서 저는 각 주파수의 뇌파가 뇌의 기능에서 어떻게 제 역할을 하는지 알 수 있었습니다. 뒤의 그림에서 볼 수 있듯이 가장 높은 주파수는 맨 위에 있고, 가장 낮은(느린) 주파수는 맨 아래에 위치합니다.

내가 특정한 종류의 뇌파를 생성할 때, 연구소에서는 빛과 소리를 사용해 즉각적인 피드백을 제공했습니다. 나는 곧 내가 집중하거나 느끼는 것이 내 머리에 부착된 센서에 의해 어떻게 뇌파로 기록되는지 개인적 기준을 갖게 되었습니다.

집중된 지각

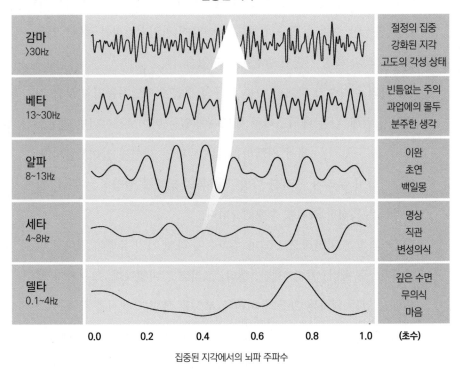

감마 〉30Hz		절정의 집중 강화된 지각 고도의 각성 상태
베타 13~30Hz		빈틈없는 주의 과업에의 몰두 분주한 생각
알파 8~13Hz		이완 초연 백일몽
세타 4~8Hz		명상 직관 변성의식
델타 0.1~4Hz		깊은 수면 무의식 마음

0.0 0.2 0.4 0.6 0.8 1.0 (초수)

집중된 지각에서의 뇌파 주파수

예를 들어, 의도적으로 사랑을 느끼면 알파파가 만들어졌습니다. 일이 끝난 후 집에 가서 해야 할 일을 최대한 많이 기억했더니 베타파가 만들어졌고요. 이 같은 피드백을 통해 나는 의도적으로 거의 모든 뇌파들을 재생할 수 있었습니다. 또한 각각의 세션이 끝난 후, 세션 중에 특정한 일을 하는 동안 어떤 뇌파가 기록되었는지 알아보기 위해 뇌파 기록 결과와 시간을 맞춰볼 수 있었습니다. 그렇게 해서 집중하는 강도를 바꾸면 뇌파 상태가 바뀐다는 것을 알게 되었습니다.

베타 뇌파:
기민하고 활동적인 마음

다양한 뇌파 주파수에 따르는 경험을 제대로 이해하기 위해, 대부분의 사람들이 일상에서 주로 경험하는 베타 뇌파(약 13~30Hz)부터 시작해보겠습니다. 베타파는 의식적으로 깨어 있는 마음의 상태이고, 합리적이고 논리적으로 추론하고 적극적으로 사고하는 과정에 있음을 의미합니다. 베타파는 빈틈없는 주의와 경계, 과업에의 몰두, 그리고 바쁘게 돌아가는 생각이 특징입니다. 많은 사람들이 '멀티태스킹'이라고 부르는 것처럼 복잡한 작업을 하기 시작하면 이 베타파 상태가 '가속'될 수 있다는 사실도 알게 되었습니다.

베타 뇌파 상태로 이동하는 연습

1. 내일이나 다음주에 해야 할 일의 목록에 대해 생각하기 시작합니다.
2. 당신이 만든 목록에 있는 모든 항목을 기억하려고 합니다.
3. 목록을 만들고 기억한 다음, 마음속으로 그 목록을 반복합니다.

알파 뇌파:
힘 빼고 돌이켜보기

기민하고 활동적인 베타파와 대조적으로 알파 뇌파(약 8~13Hz)는 깨어 있지만 조용히 쉬고 있음을 나타냅니다. 일을 쉬고 산책을 하는 사람은 베타파 상태에서 알파파 상태로 전환되었을 가능성이 높습니다. 알파파를 수반하는 경험은 대개 이완되어 있고, 초연하며, 백일몽을 꾸는 듯하고, 시각화에 최적화된 상태입니다. 저는 의도적으로 긴장을 풀고 사랑과 행복의 감정을 만들어냄으로써 알파파 상태로 나아갈 수 있음을 발견했습니다.

알파 뇌파 상태로 이동하는 연습

1. 조용히 앉아서 눈을 감으세요.
2. 물건이든 사람이든 장소든 당신이 사랑하고 좋아하는 대상을 생각하기 시작합니다.
3. 그 대상을 마음의 눈으로 그려봅니다.
4. 그림 속에 당신을 포함시켜서, 당신이 사랑하는 대상을 만지고 느끼고 경험합니다.
5. 당신이 무한히 거대해져서 우주로 확장하는 모습을 상상합니다.
6. 편안하게 느껴지는 한 이 상태를 지속하고, 벗어나고 싶으면 천천히 눈을 뜹니다.

세타 뇌파:
명상과 직관

　연구소에서 저는 의도적으로 베타에서 알파로 이동한 다음, 세타 뇌파에 머물렀습니다. 세타 뇌파(약 4~8Hz)는 각성과 수면 사이에 발생하며 명상, 직관, 그리고 변성의식變性意識 상태와 관련이 있습니다. 단조로운 운전을 많이 하는 사람들은 아마도 세타파 상태에 있을 가능성이 큽니다. 또한 조깅, 마라톤을 하는 사람들은 러너스 하이 runner's high라고 하는 도취감을 경험합니다. 달리기 애호가들이 경험하는 정신적으로 이완된 상태에서도 아마 세타파가 생성될 것입니다.

세타 뇌파 상태로 이동하는 연습

1. 방해받지 않는 조용한 장소에 편안히 앉아 눈을 감습니다.
2. 정수리부터 시작해서 발밑까지 차례로 내려가면서 몸에 힘을 뺀다고 느낍니다.
3. 다른 모든 생각을 배제하고 당신의 호흡으로 주의를 옮깁니다.
4. 계속 호흡에만 집중합니다.
5. 호흡의 반복에 주의를 기울입니다.
6. 눈꺼풀은 무겁고 세상은 고요하고 몽환적인, 잠들기 직전의 기분을 상상합니다.
7. 편안하게 느껴지는 한 이 상태를 지속하고, 벗어날 준비가 되면 천천히 눈을 뜹니다.

델타 뇌파:
무의식 상태의 깊은 수면

뇌파의 가장 낮은 주파수인 델타 뇌파(약 0.1~4Hz)는 일반적으로 깊은 수면* 중에 발생합니다. 델타파는 대부분 잠재의식적인 뇌 과정 중에 존재한다고 알려져 있습니다. 이는 합리적 마음이 위험을 알아차리기 전에 우리에게 위험을 경고해주는 고대의 감지 능력인 '파충류reptilian 마음'의 특징으로 묘사되기도 합니다. 어린아이나 심각한 ADHD[2]를 가진 사람을 제외하고는 깨어 있는 동안 델타파 활동을 경험하지 못합니다.

델타 뇌파 상태로 이동하는 연습

잠이 들면 됩니다. 비렘Non-REM 수면 중에 델타파가 나타나므로, 깊은 잠을 자면 델타파가 발생할 가능성이 높습니다.

---

* 수면은 빠른 안구 운동(REM: Rapid Eye Movement)이 이루어지며 꿈을 꾸는 상태인 렘수면(REM sleep)과 안구 운동이 없는 비렘 수면(Non-REM sleep)으로 나눠진다. 비렘 수면은 다시 4단계로 나뉘는데, 이 중 4단계에서는 델타파가 뇌파의 50% 이상을 차지한다.

감마 뇌파:
집중된 지각

마지막으로 감마 뇌파(약 30Hz 이상)는 가장 높은 주파수의 뇌파이며 절정의 집중, 강화된 지각 및 고도의 각성 상태와 관련이 있습니다. 사마디[3]와 같은 초월적인 경험을 하고 있는 사람에게서 나온다고 알려진 감마파는 명상과 같은 수련을 통해 성취된 강렬한 집중 상태에서 관찰됩니다. 티베트 불교 승려들을 대상으로 한 실험은 초월적 정신 상태와 감마파 사이에 상관관계가 있음을 보여주었습니다. 일부 이론은 감마가 뇌에 국소화되어 있어서 감마의 존재 자체가 특이점 또는 '단일 의식'[4]의 경험을 나타내는 것일 수 있다고 주장합니다.

연구소에서 제가 깊은 명상을 하는 동안 측정된 것이 감마 뇌파였습니다. 그때 저는 깊은 명상에 들어 있는 동시에 내 주위에서 물리적으로 무슨 일이 일어나고 있는지를 완벽하게 의식하는 상태였습니다.

감마 뇌파 상태로 이동하는 연습, 즉 감사 연습이 효과가 좋은 이유는 당신이 사랑하는 사람들, 당신 자신, 그리고 삶에 동시에 집중하면서 명상 상태에 들어가게 되기 때문입니다. 또한 감사는 가장 높은 형태의 사고 또는 인지 기능이라고 알려져 있습니다. 마음은 고도로 예리하게 각성하고 몸은 아주 편안하게 이완하는, '경각警覺과 명상의 결

감마 뇌파 상태로 이동하는 연습

1. 방해받지 않는 조용한 장소에 편안하게 앉아서 눈을 감습니다.
2. 다른 모든 생각을 배제하고 호흡에 집중합니다.
3. 삶의 동반자, 친구, 아이, 반려동물처럼 당신이 고맙게 생각하는 대상을 생각합니다.
4. 마음의 목소리로 자신에게 "이것에 대해 감사합니다"라고 말합니다.
5. 이제 마음의 눈으로 자신을 봅니다.
6. 마음의 목소리로 자신에게 "이것에 대해 감사합니다"라고 말합니다.
7. 이제 당신의 환경이나 삶의 더 큰 상황을 마음의 눈으로 봅니다.
8. 마음의 목소리로 자신에게 "이것에 대해 감사합니다"라고 말합니다.
9. 가슴의 심장 부분에 집중하면서, 심장으로부터 강렬한 감사의 감정을 만들어 내보냅니다.
10. 당신이 사랑하는 누군가 혹은 무언가를 다시 한번 상상해서 이 감정을 강화합니다.
11. 당신의 몸을 통해 사랑의 감정을 정수리로 올려보내고, 그 감정을 위쪽으로 무한하게 퍼져나가게 한다고 생각합니다.
12. 편안하게 느껴지는 한 이 상태를 지속하고, 벗어날 준비가 되면 천천히 눈을 뜹니다.

합'이 '집중된 지각' 상태를 불러올 가능성이 가장 높음을 시사합니다.

이것이 최상의 경기력을 발휘하는 운동선수, 생명의 위협에 처한 사람, 또는 어떤 이유로든 무아지경이나 몰입, 절대현재, 혹은 집중된 지각 상태에 있는 사람들이 경험하는 더 높은 인식 상태와 결합할 때 자연적으로 발생합니다. 바이오사이버넷 연구소에서 일했던 앤서니는 다음과 같이 설명했습니다.

생각에서 느낌으로 옮겨가는 것이 그 같은 상태에 이르게 한다는 것을 깨달았던 것이 전환점이었습니다. 머리에 센서를 부착하고 생각에 빠지면, 뇌파는 위축되고 억제된 상태로 들어갈 겁니다. 하지만 내가 자신을 확장된 존재로 느끼도록 허용하면, 내 생각과 감정은 내가 그 순간에 있음을 확실히 아는 방식으로 연결되는 것처럼 보였습니다. 생각, 즉 베타파로부터 알파파, 세타파, 감마파인 감정으로의 이동을 연습하고 실행함으로써 제 삶이 바뀌었습니다. 점점 더 순간에 존재할 수 있게 된 것입니다. 감정에는 시간적 요소가 없기에, 순간에 존재하는 것이 저의 두드러진 존재 방식이 된 것이죠.

2부에서 소개할 실행 방법을 따르면, 당신도 의도적으로 이런 집중된 지각 상태로 이동하는 방법을 배울 수 있으며, 어쩌면 그것이 당신 삶의 존재 방식이 될 수도 있습니다.

어떻게 시작하냐고요? 당신의 두뇌를 사용해서 시작합니다. (앤서니의 말대로, 뇌를 사용한다는 것이 생각만을 의미하지는 않습니다.) 인간의 뇌는 전기장을 생성하는 신경 세포로 구성되어 있는데, 신경 세포가 생성하는 장場: field은 특정 장비에 의해 감지될 때 뇌파로 표시되는 것과 동일한 영역입니다.

많은 사람들이 뇌가 자연적으로 생성하는 이 장에서 생각이 나온다고 믿고 있습니다. 그 장은 우리 각자가 현실을 어떻게 경험하는지를 결정하기도 합니다. 게다가 뇌의 장은 전기장이므로 과학 이론의 대상이 됩니다. 뇌의 전반적인 전기장에서의 에너지 변화는 다양한 뇌파 주파수로 나타납니다.[5]

만약 우리가 양자역학이 가시적인 세계에도 적용될 것이라 기대한다면, 뇌를 대상으로 하는 과학 이론들은 양자 얽힘, 양자 중첩, 관찰자 효과, 그리고 의식이 붕괴를 일으킨다는 생각과 같은 양자물리학의 법칙도 포함할 수 있을 것입니다.[6]

양자 생물학 등 새로운 분야의 연구들은 이것이 사실일 수도 있다는 가정을 점점 더 많이 하고 있습니다.[7]

이러한 논의는 과학의 최전선에 있는 질문을 가리킵니다. 인간의 뇌는 관찰자 효과에 어떻게 관여하는가? 파동 함수를 입자로 붕괴시키는 양자의 과정에서 인간의 뇌는 어떤 역할을 하는가? 어쩌면 파동과 입자는 늘 하나였고, 우리는 그것을 인식할 만큼 민감한 장비를 가지지 못한 것일 수도 있습니다. 어쩌면 관찰 자체가 에너지 아닐까요? 아니면 관찰자의 뇌와 관찰되는 것 사이의 양자적 얽힘으로 인해 일종의 에너지 전달이 일어났을 수도 있습니다.

언젠가는 그 정확한 메커니즘이 밝혀지겠지만 그때까지 손 놓고 있을 이유는 없습니다. 우리는 무언가에 집중하기 위해 우리의 뇌를 사용할 수 있습니다. 집중하면 뇌파 상태가 바뀌고 때로는 엄청난 결과가 초래되기도 합니다.

시간 늘이기

시간을 늘인다는 아이디어를 시험해 보기 전에, 시간에 대한 여러분의 지각뿐만 아니라 실제 시계로 표시되는 시간 경험을 바꾸는 연습을 해보겠습니다. 1970년대 체코의 과학자 이차크 벤토프Itzhak Bentov는 평범한 사람들이 집중된 지각의 상태로 전환하여 평범한 아날로그 시계의 초침이 느려지거나 정지하는 것을 볼 수 있는 실험을 했습니다. 시계 초침이 느려지거나 멈추는 경험을 해보고 싶다면 다음과 같은 단계를 따라 실행해보세요.

1. 초침이 있는 시계 앞에 편안하게 앉습니다. 시계 문자판 가까이

에 얼굴을 대고 초침의 위치를 확인합니다.

2. 머리의 위치를 그대로 둔 채, 시계에서 가능한 한 먼 왼쪽이나 오른쪽으로 시선을 간헐적으로 옮깁니다. 의도적으로 시야를 흐리게 해서 시계의 문자판이 시각의 초점에서 벗어나게 하는 사람도 있는데, 그 역시 효과가 있습니다. 잠시 이렇게 한 다음, 의도적으로 시계 문자판에 똑바로 시선을 고정하세요.

3. 이렇게 몇 차례 되풀이하면 시계 문자판에 초점을 흐리게 했다가 맞추는 일이 수월해집니다.

4. 이제 좋아하는 장소, 아이를 처음 안았던 기억, 잊지 못할 첫 키스처럼 당신의 영혼에 새겨진 길고 생생한 기억을 (마음속에서 멋진 영화를 상영하듯이) 되살려서 다시 느껴봅니다.

5. 당신이 다시 시계를 보았을 때, 놀라울 정도로 초침이 움직이지 않은 것처럼 보일 겁니다. 간혹 초침이 뒤로 움직이는 경우도 있습니다. 당신이 생각에 잠겼던 단 몇 초 동안 시간은 눈에 띄게 느려졌던 것입니다.

이 연습에서 초침을 늦추거나 멈출 수 있었다면, 아마도 당신의 마음이 과학자들이 크로노스타시스chronostasis*라 부르는 상태를 경험할

---

* 그리스어로 시간을 뜻하는 크로노(Chronos)와 정지를 뜻하는 스타시스(Stasis)가 합쳐진 말.

만큼 충분히 집중되었기 때문입니다. 그렇다면 의학은 이 경험을 어떻게 설명할까요? 어떤(멋진 기억을 되새기는) 뇌파 상태에서 다른(극도로 집중된) 뇌파 상태로 극한의 이동을 할 때, 우리의 뇌는 자동으로 시각 작용을 억제한다는 것입니다.

당신의 망막에 있는 이미지를 보는 방식을 바꾸도록 강요받으면 세상이 흐릿해집니다. 그렇게 보는 방식의 전환이 완료되고 나면, 뇌는 보는 방식을 전환하는 와중에 잃어버린 이미지를 당신의 눈앞에 보이는 새로운 이미지(이 경우에는 정지된 초침)로 대체합니다.

우리의 뇌는 이 일을 너무나 잘 처리하기 때문에, 우리는 그런 대체가 일어나는 것을 거의 눈치채지 못합니다. 시계의 초침과 같이 분명한 외부 지표를 가지고 있는 경우를 제외하고는 말입니다. 하지만 뇌가 판단하기에 당신은 단지 시간을 늦췄을 뿐입니다.

과학자들은 이런 의학적 설명을 받아들이지만, 저는 다르게 설명하고 싶습니다. 눈을 감고 당신이 가장 좋아하고 편안하게 느끼는 활동에 참여하는 자신을 시각화하면 베타 뇌파에서 벗어나 보다 편안한 알파 상태로 옮겨가게 됩니다.

그런 다음 시계 초침이 움직이는 단조로운 리듬에 주의를 기울이며 따라가다 보면, 감각은 깨어 있는 채로 편안하고 초연한 일종의 백일몽 상태가 유지, 강화될 가능성이 높습니다. 이렇게 얼마의 시간이 지나면 명상, 직관, 변성의식 상태와 결합된 세타 상태를 경험할 가능성이 높습니다.

깨어 있는 상태에서 감각을 이용해 자신이 가장 좋아하는 활동의 느낌에 계속 몰입하면, 베타와 알파, 세타가 조합된 '집중된 지각'이라는 더 높은 알아차림의 상태로 이동하게 됩니다. 당신이 정신 집중을 유지하고 있으므로, 무심한 듯 천천히 눈을 뜨고 시계 문자판을 바라보면, 초침이 움직이지 않거나 뒤로 가는 듯 보이는 더 높은 각성 상태에 있는 자신을 알아차릴 수 있습니다.

이런 고도의 각성 상태에 도달하면 무아지경, 몰입, 절대현재와 관련된 감마파를 생성할 수 있습니다. 무아지경, 몰입, 절대현재 모두 집중된 지각과 동일한 상태입니다. 요약하자면 당신은 지금 깊은 명상 상태에 도달했고, 깊은 명상 상태에서 시계의 초침을 지켜봄으로써, 명상 상태가 시간에 대한 지각을 바꾼다는 사실을 자신에게 증명한 것입니다.

좀 더 쉽게 명상 상태에 들어가고 싶다면, 조용히 앉아 주위에 있는 즐겁고 흥미로운 것들에 주의를 기울이는 것으로 시작할 수 있습니다. 그런 다음, 주변의 새로운 것들을 적극적으로 알아차리십시오. 이 간단한 연습만으로도 기분이 좋아지고 당신의 뇌파에 알파와 세타를 추가할 수 있습니다.

정확히 어떻게 작동하는지는 아직 밝혀지지 않았지만, 높은 각성 awareness을 나타내는 뇌파 상태와 시간을 초월한 경험 사이의 상관관계를 보여주는 증거들이 쌓이고 있습니다. 우리 스스로 이 뇌파 상태를 만드는 일을 더 잘하게 되면, 언젠가는 양자 세계가 우리의 일상생활에서 하는 역할을 이해하게 되고 모든 것의 이론을 입증하게 될 것입니다. 결국 모든 것의 이론에 따라 살아갈 수 있습니다. 내게는 이것이 '그렇게 될 것인가'라는 가능성의 문제가 아니라 '언제 될 것인가'라는 시간의 문제입니다.

지금까지 당신은 시간을 고무줄처럼 늘이는 데 도움이 되는 집중된 지각 상태로 더 쉽게 옮겨가는 법을 배웠습니다. 2부에서는 당신의 뇌파 상태를 바꾸고, 시간에 대한 지각을 바꾸고, 눈에 보이는 장면을 바꿔서 보이지 않는 존재의 능동적인 부분이 되는 연습을 할 계획입니다.

2부

시간의 한계로부터
자유로워지기

06

명상

집중된 지각 상태 만들기

20대 시절 저는 인생에서 무엇이 중요한지에 대한 감각을 잃었다고 느낀 적이 있었습니다. 뭔가를 얻거나 성취하는 일에 관심이 사라졌고, 애초에 내가 왜 이 세상에 있는지 궁금했습니다. 마치 길을 잃은 느낌이었습니다. 이런 상태를 친구에게 터놓자 친구는 "명상을 배워보는 게 어때?"라고 말했습니다.

저는 여기저기 명상법에 대해 알아봤고 결국 매우 간단한 명상법인 초월명상TM: Transcendental Meditation을 선택했습니다. 초월명상은 인도의 물리학자가 만들었는데 그는 서양에 명상을 가져왔고 그것을 단순화시켜서 거의 모든 사람들이 할 수 있게 만들었습니다. 초월명상은 명상하는 사람이 마음의 목소리로 만트라(산스크리트어로 반복하는 말)를 반복하는 20분간의 명상 수행으로 이루어집니다.

명상 수행을 하면서 제가 가장 먼저 알아차린 것은 제 머릿속에서 일어나는 생각과 끊임없이 이어지는 목소리였습니다. 그것은 저 스스로에 대한 것과 해야 할 일들뿐 아니라 주변에서 일어나고 있는 일들에 대한 해설이기도 했습니다. 얼마 지나지 않아 저는 그런 생각과 감정에 집착하지 않음으로써 늘 바쁜 '원숭이 마음'을 침묵시킬 방법을 찾아냈습니다.

명상하는 동안 머릿속에 떠오르는 뭐가 됐든 그것에 애착하지 않으면 그만큼 바쁜 생각이 덜 일어난다는 사실을 알게 된 것입니다. 생각과 느낌을 일어나는 족족 놓아버림으로써 나는 깊은 통찰, 문제에 대한 해결책, 그리고 내가 나보다 더 큰 뭔가의 일부라고 느끼는 초월적 경험이 마음속에서 출현할 수 있는 공간을 만들었습니다.

그 후 나는 삼십 년 동안 명상을 수련했고, 이제는 만트라 명상으로 시작하여 금세 아무런 생각도 느낌도 없는 깊고 고요한 상태로 빠져듭니다. 마음속에서 일어나는 어떤 생각이나 느낌, 또는 주변에서 물리적으로 일어나고 있는 뭔가를 알아차렸을 때는, 그저 '그렇구나' 하는 정도로만 가볍게 주의를 보내고 마음속의 고요한 상태로 돌아가곤 합니다.

명상 상태란 무엇일까요? 어떤 의미에서, 명상은 완벽하게 현재에 있는 것이라고 할 수 있습니다. 사람들 대다수가 매우 어렵게 여기긴 하지만, 어쨌거나 바로 지금 이 순간을 의식하거나 알아차림으로써 성취되는 정신 상태입니다. 우리는 과거의 고통, 미래에 대한 걱정, 또는 현재를 벗어나기 위해 만들어낸 판타지에 갇히곤 합니다. 현재 순간으로 돌아오는 법, 절대적이고 유일한 지금 일어나고 있는 일로 돌아오는 법을 배우는 것은 단지 시간을 마스터하기 위한 것만이 아니라, 자신을 마스터하기 위해 필요한 첫 번째 단계입니다. 그것이 바로 우리가 '집중된 지각'이라고 불러왔던 그 상태입니다.

이 상태에서 당신은 판단 없이 생각과 느낌을 주시할 수 있고, 생각이나 느낌에 '나쁘다'나 '좋다'라는 생각을 덧붙일 필요 없이 그냥 있는 그대로 알아차리고 떠나보낼 수 있습니다. 이렇게 판단 없이 관찰하면 생각을 더 잘 통제할 수 있게 되고, 생각을 잘 통제하면 평정하고 명료하고 집중된 의식 상태가 만들어집니다. 또한 명상은 시간 경험의 변환을 촉진하는 뇌파 상태를 불러옵니다.

스트레스의 감소, 기억력 증가, 강화된 집중, 줄어든 감정적 반응, 그리고 확대된 자기 통찰과 도덕성, 직관 등, 명상에 수반되는 이점은 과학적으로 잘 분석되고 입증되어 있습니다. 그리고 명상 상태에서는 세타파와 델타파를 포함한 특정 뇌파가 더 두드러지게 출현합니다. 이런 뇌파 상태일 때 우리는 영감과 창의성의 번뜩임을 경험하고, 잊었던 기억을 떠올리고, 자각몽을 경험할 가능성이 더 높습니다. 명상을 하면, 집착과 마음의 방황을 유발하는 두뇌의 일부인 '바쁘게 생각하는 원숭이 마음'의 활동이 감소한다는 사실을 보여준 연구도 있습니다.[1]

명상이 몸에 미치는 긍정적인 효과도 입증되었습니다. 최근 수행된 한 연구에서는, 20년 이상 장기적으로 명상을 수련해온 사람들이 명상하지 않은 사람들에 비해 뇌의 노화가 훨씬 느리게 진행된 것으로 나타났다고 합니다.

게다가 명상은 학습, 기억, 감정 조절을 담당하는 뇌의 주요 영역의 용적을 증가시키고, 두려움, 불안, 스트레스를 담당하는 영역을 감소시키는 것으로 보입니다.[2]

하지만 명상이 주는 이점이 잘 알려져 있음에도 불구하고, 왜 이렇게 많은 긍정적 효과가 발생하는지에 대한 과학적 해명은 거의 이뤄지지 않은 상태라고 합니다. 명상의 이런 이점은 '우리의 뇌가 어떻게 작동하는지, 생각이 어떻게 발생하는지, 그리고 생각들이 어디에서 오는지'와 관련되어 있습니다. 과학에서 '의식의 어려운 문제'* 라고 부르는 이슈를 부각시키는 것입니다.[3]

물리적 뇌의 과정을 포함하는 물질세계와 마음, 생각, 감정을 포함

---

* 심리철학자 데이비드 차머스(David Chalmers)가 만든 개념. 기억, 주의 등 객관적 측정이 가능한 것이 '의식의 쉬운 문제'이고, 주관적 현상 경험인 감각질(기분이나 심상)의 문제가 '의식의 어려운 문제'라고 한다.

하는 비물질 세계 사이에 겉으로 보기에 명백히 양립할 수 없는 간극 gap이 있기에 의식은 늘 '어려운 문제'입니다. 예를 들어, 생각은 어디에서 올까요? 왜 우리는 무언가를 '느끼는' 경험을 할까요? 이러한 비물질적인 마음, 생각, 감정의 세계도 우리는 의식이라고 생각합니다.

어떤 과학자들은 의식이 어디에서 오고 어떻게 작동하는지 이미 이해하고 있다고 믿고, 다른 과학자들은 우리가 정답의 근처에도 가지 못했다고 생각합니다. 연구자들은 의식의 미스터리를 설명하기 위해 점차 양자물리학의 미스터리로 눈을 돌리고 있습니다.

100여 년 전 관찰자 효과가 발견되면서 양자이론에 의해 '의식의 증거'가 드러난 듯 보였습니다. 어떤 과학자는 의식이 양자론의 중요한 요소로 포함되어야 한다고 주장하기도 했습니다. 하지만 아인슈타인을 비롯한 대부분의 과학자들은 그렇게 생각하지 않았습니다. "나는 달을 보고 있지 않더라도 달이 거기에 있다고 생각하고 싶다"라는 아인슈타인의 유명한 말은 양자론과 의식의 관련성을 부정하는 과학자들의 태도를 대변합니다.

아인슈타인과는 달리, 노벨 물리학상을 수상한 물리학자 로저 펜로즈Roger Penrose**는 의식이 양자역학에 영향을 미칠 뿐만 아니라 양자

** 현존하는 세계 최고의 수학자이자 이론 물리학자. 의식이 '뉴런 간 연결의 산물'이라는 기존 이론을 부정하고, 의식은 세포의 미세소관(microtubules) 내에 있는 양자의 양자역학적 기능에 의해 존재한다고 주장했다.

역학은 의식 때문에 존재한다고 주장합니다.[4] 펜로즈는 입자가 관찰자 효과에 반응하는 것처럼 양자 현상에 대한 반응으로 상태를 바꾸는 분자 구조가 인간의 뇌에 존재한다고 주장합니다.[5] 학계의 도전이 이어졌지만 펜로즈는 흔들리지 않았습니다. 게다가 펜로즈의 연구 이후, 다른 연구자들은 원거리 이동을 위해 양자역학을 사용하는 철새들처럼 살아있는 생명체에서의 양자 효과에 대한 증거를 발견하기도 했습니다.[6]

따라서 양자이론이 의식을 설명할 수 있다는 결정적인 증거는 없는 것처럼 보이지만, 의식을 순수하게 물리적으로 정의한다고 해도 관찰자 효과와 같은 증명된 현상을 설명할 수 있을 것 같지도 않습니다. 의식이 우리의 현실을 완전히 창조하는 것은 아닐 수도 있지만, 현실이 한편으로 물리적이고 또 한편으로는 지각적인 것이라면, 의식은 명백히 우리의 일상적이고 거시적인 세계에서 일어나는 결과들이 발생할 확률에 영향을 미칠 수 있습니다.

의식과 관찰자 효과에 대한 이러한 논의는 명상과 어떤 관련이 있을까요? 실제 사례를 소개합니다. 어느 날 나는 관찰자 효과와 '의식이 붕괴를 일으킨다'라는 명제의 배경이 되는 과학 이론과 연구 결과들에 대해 안나Anna와 이야기하고 있었습니다. 안나는 그 개념들을 이해했지만, 여전히 자신이 이해한 것과 살면서 경험하고 있는 것 사이에 큰 간극을 느끼고 있었습니다. 자신과 세상이 양자 원리에 따라 작동하는 더 심오한 경험으로 도약할 수 있을지 확신하지 못했던 겁니다.

　나는 안나에게 명상 수련을 해보라고 제안했습니다. 그리고 집중된 지각 상태에 들어가기 위한, 내가 아는 한 가장 간단한 방법을 알려주었습니다. 연습을 시작하고 일주일 만에 안나는 이렇게 말했습니다.

　"내 자신에 대한 모든 감각이 확장된 것 같아요. 나는 내 생각과 감정이 전부인 것처럼 살아왔다는 사실을 깨닫지 못했었어요. 하지만 당신이 가르쳐 준 수련법 덕분에, 내 생각과 감정을 관찰할 수 있는 부분이 더 있다는 것을 깨달았고 그것은 내 생각과 감정보다 더 컸어요. 신성과 연결되어 있으면서 항상 평화로운 나의 부분을 경험할 수 있었어요."

　안나가 '신성과 연결되어 있다'라고 하는 것은 그 내용이 무엇이든 인간에 영향을 미치는 관찰자 효과와 동일한 것일 수 있습니다. 이 경험은 하나 됨, 통일성, 평화, 초월성의 느낌으로 묘사되어 왔는데, 내가 집중된 지각의 상태라고 부르는 것이 바로 그것입니다. 안나가 말한 것처럼, 당신이 생각과 감정에 애착을 갖지 않으면서 생각과 감정이 일어나는 것을 알아차릴 때, 당신 자신에 대한 경험이 확장됩니다. 당신이 생각과 감정 그 이상의 존재라는 사실을 깨달을 수도 있습니다. 당신은 생각과 감정을 관찰하는 관찰자로서의 자신을 경험할 수 있습니다. 아마도 이 관찰자는 물리학이 관찰자 효과에서 확인한 그것과 같은 것으로 보입니다.

당신이 이미 배운 과학의 발견을 최대한 활용하는 간단한 명상 연습practice을 알려드립니다. 이 연습을 통해, 시간을 마스터하는 데 있어 가장 중요한 현재의 순간을 경험할 수 있습니다. 또한 깨어 있는 동안 더 높은 집중력, 더 나은 기억력과 학습 능력, 옅어진 공포와 불안, 줄어든 자기중심주의를 경험하게 됩니다. 한마디로, 당신은 집중된 지각의 뇌파 상태를 생성하게 될 것입니다. 집중된 지각은 시간 경험과 그 경험에 수반되는 모든 습관적인 행동을 밑바탕에서부터 변화시키는 열쇠입니다.

연습: 집중된 지각 상태 만들기

눈을 감거나, 조명을 끄거나, 안대를 착용하거나, 혹은 어둠 속에서[7] 이 명상법을 실행합니다. 다리를 포개고 바닥에 편안하게 앉아(가부좌, 또는 연꽃 자세라고 합니다) 손바닥을 위로 하여 무릎 위에 얹습니다. 이 자세가 불편하면 엉덩이에 작은 베개를 받치고 앉거나, 다리를 앞으로 뻗은 채 벽에 기대앉아도 됩니다.

당신의 마음이 어떻게 작동하고 있는지에 주의를 기울여 알아차려 보세요. 마음이 과거에 일어난 일을 되새기고 있나요? 아니면 미래에 일어날 일을 계획하거나 예상하고 있나요? 혹은 주변의 일에 주의를 보내고 있나요? 마치 손님이 찾아오는 것처럼 일어나는 생각들을 그 냥 일어나게 내버려 두세요, 그리고 나서 주의의 초점을 당신의 호흡 으로 돌립니다.

코로 숨을 들이쉬고 입으로 숨을 내쉽니다. 내쉬는 숨의 길이를 들 이쉬는 숨보다 두 배 길게 합니다. 입 밖으로 나가는 날숨을 연기나 안개라고 상상하세요.

다음 숨을 내쉬면서, 감은 눈앞에 숫자 3이 나타나는 것을 봅니다. 다음 숨을 내쉬면서 숫자 3이 숫자 2로 바뀌는 것을 봅니다.

다음 숨을 내쉬면서, 숫자 2가 숫자 1로 바뀌는 것을 봅니다. 그리 고 다음 숨을 내쉬면서 숫자 1이 숫자 0으로 바뀌는 것을 봅니다.

원하는 만큼 오랫동안 조용하고 집중된 지각의 상태를 유지합니다. 명상을 끝낼 준비가 되었다고 느끼면, 천천히 눈을 뜨거나 다른 수련 을 계속합니다.

고급 기법: 강아지와 고양이들

필연적으로 의식적인 생각이 일어날 것입니다. 그들을 쉽게 풀어주 기 위해 제가 '강아지와 고양이'라고 부르는 실행 기법을 활용하세요. 어떤 생각이 떠오르면, 그 생각을 강아지나 고양이처럼 당신이 사랑하는 대상으로 바꾸세요. 그 생각에 일단 주의를 주고, 그런 다음 의도적으로 강아지나 고양이를 데리고 '밖으로' 나갑니다. 이렇게 하면 당신의 의식에서 그 생각들을 제거하는 효과가 있습니다. 만약 생각들이 다시 돌아오면, 더 이상 돌아오지 않을 때까지 다시 밖으로 내놓습니다. 이것은 완전 꿀팁입니다. 명상할 때 생각과 싸울 수는 없으니까요. 이 방법을 사용하면 일어나는 생각을 그냥 일어나게 허용하면서 생각에 집착하거나 끌려가지 않을 수 있습니다.

고급 기법: 오늘 내가 해야 할 일은 무엇인가?

이 연습이 이어지는 모든 것들의 기본이자 토대이기는 하지만, 더 깊은 지혜와 명료함에 도달하기 위한 독립적인 연습이 될 수도 있습니다. 집중된 지각의 상태에서 당신은 과거에 대한 후회와 미래에 대한 두려움에서 벗어나 완전히 현재에 있게 됩니다. 이때 당신은 마음에 일어나는 생각들과 감정들을 판단하지 않고 그저 관찰하는 상태에 머뭅니다. 당신은 스스로에게 '오늘 내가 해야 할 일은 무엇인가?'와 같은 답을 알고 싶은 질문을 함으로써 훨씬 큰 평온함과 명료함, 그리고 집중된 상태에 도달할 수 있습니다. 당신이 원한 만큼의 명료함이나 완성된 느낌이 오면, 천천히 눈을 뜹니다.

07

상상력

미래의 삶 미리 경험하기

　몇 년 전, 나는 뉴욕에서 플로리다로 이사했습니다. 뉴욕에 살 때는 테라스에서 야외 샤워를 했었는데, 플로리다의 새 집에서도 같은 식으로 샤워할 수 있길 원했습니다. 그러려면 꼭 필요한 것이 샤워기를 호스에 연결하는 부분, 즉 한쪽 끝에 소켓이 달린 독특한 5인치 플라스틱 튜브였습니다. 나는 내 손으로 이 튜브를 꼼꼼하게 포장했습니다. 이게 없으면 완전히 새 샤워기를 사야 하니까요.

　플로리다에 도착해서 짐을 풀기 시작했을 때 기온이 높아 몹시 더웠어요. 나는 그 멋진 야외 샤워기를 사용할 시간이라 생각하고, 샤워기가 들어 있는 상자를 열었습니다. 그리고 샤워기에 테이프로 조심

스레 붙여 놓은 부품을 찾았지만, 없었습니다.

화가 난 나는 뉴욕 집의 테라스에 있던 물건을 포장한 상자뿐 아니라 모든 이삿짐을 뒤지기 시작했어요. 하지만 어디에서도 찾을 수 없었습니다. 결국 포기할 수밖에 없었습니다. 그러고는 현관문을 잠그고 밖으로 나가 주차해 놓은 내 차로 갔습니다. 차 문을 열고 안을 들여다본 순간 나는 기쁨의 탄성을 지르며 차 안으로 뛰어들었습니다. 놀랍게도, 찾고 있던 그 부품이 액셀 페달 위에 놓여 있었던 겁니다.

사실 내 차는 트럭으로 운송되어 며칠 전에 도착했습니다. 차가 플로리다에 도착한 이후 매일 운전하면서도, 선명한 오렌지색 소켓이 달린 5인치 플라스틱 튜브를 본 적이 없었습니다. 그 부품은 어떻게 그곳에 도착했을까요? 어떻게든 내 생각이 작용해서 그 부품을 나타나게 만든 것일까요? 일이 이렇게 되리라고 내가 미리 상상했던 것일까요? 나는 절대로 모를 겁니다. 내가 확실하게 아는 것은 부품을 설치하고 샤워기를 틀었다는 사실뿐입니다.

어린 시절에 우리들 대부분은 생각이나 상상력을 사용하면 외부의 물질세계에도 영향을 미칠 수 있다고 믿습니다. 흔히 '마법적 사고'라고 불리는 이 같은 경험은 과학적으로 심도 있게 연구되어 왔습니다. 스위스의 발달심리학자 장 피아제Jean Piaget는 마법적 사고가 어린아이의 인지 발달에 핵심적인 요소라는 이론을 정립했습니다. 마법적 사고는 제한된 추론 능력과 누군가가 우주의 중심이라는 믿음이 결합된 결과 생겨난 자기중심성에서 비롯됩니다. 아이가 성장함에 따라, 이런 마법적 사고는 인과관계처럼 널리 합의된 과학적 원리와 합리적 사고로 대체됩니다.[1]

그러나 과학적 추론을 배우고 경험하며 성장하더라도, 성인이 되어서까지 마법적 사고가 계속되는 사람도 있습니다. 피아제에 따르면, 성인기까지 지속되는 대표적 마법적 사고로서 삶과 존재, 죽음의 의미를 찾고 문제를 해결하려는 사회화와 문화적 조건 형성을 통해 성장하는 종교적 신념이 있습니다.

많은 과학자들은 성인이 되어 경험하는 마법적 사고(예를 들어 상상력을 사용하여 물리적 세계에 영향을 미칠 수 있다고 믿는 것)가 뇌의 이상 징후이거나 정신분열증(혹은 조현병)의 증거라고 주장합니다. 그러나 최근 뇌과학 연구에 따르면, 27퍼센트에 달하는 사람들이 상상하는 것과 실제로 일어나는 것을 구분하게 해주는 '정상적' 뇌의 특성이 결여된 상태라고 합니다. 실험 대상자들이 건강하고, 정신 질환 병력이 없다고 보고된 성인들이었기 때문에 연구자들은 그 결과를 보고 놀라움을 금치 못했습니다.[2]

상상력이 현실에 영향을 미친다는 믿음을 뇌 장애로 보는 과학자들이 있는 반면, 일부 과학자들은 상상력이 우리의 물리적 현실을 만드는 데 중요한 역할을 한다는 사실을 발견했습니다. 잘 알려진 한 가지 예는, 시카고대학의 연구자들이 자유투를 연습하는 고등학교 농구 선수들을 대상으로 한 실험입니다. 이 실험이 밝혀낸 바에 따르면, 일반적으로 '시각화'로 알려진 '정신적 훈련'이 신체적 연습만큼이나 효과적이라는 것입니다.[3]

이와 같은 연구는 스포츠를 비롯한 신체 활동에서의 수행 능력 향상을 위해 우리의 상상력을 활용할 수 있으리라는 가능성을 시사합니다. 하지만 우리의 지각이 물질 현실에 영향을 미친다는 가장 큰 증거는 아마도 플라시보 효과에 숨겨져 있을 것입니다. 임상시험에서 오랫동안 골칫거리로 여겨져 온 플라시보 효과는 가짜 치료로 긍정적인 효과를 경험하는 사람들의 비율을 의미합니다.

최근 연구자들은 플라시보 효과를 긍정적인 시각으로 보기 시작했습니다. 하버드 의대의 '플라시보 연구와 치료적 만남' 프로그램은 환자가 느끼는 치료 결과 개선을 위해 마음과 몸의 연결, 환자와 의료 제공자의 관계, 의례적인 치료 절차, 돌봄의 제공, 그리고 환자가 생각하는 치료의 의미 등을 포함한 플라시보 효과의 모든 측면을 연구했습니다.[4]

상상력은 우리 삶에서 중요한 역할을 하는 것이 확실합니다. 최소한 상상력은 직관을 생성하고, 새로운 아이디어를 자극하며, 통찰과 혁신을 불러옵니다. 아인슈타인이 말했듯이 지능의 진정한 징후는 지식이 아니라 상상력입니다.

상상력을 우리 감각에 존재하지 않는 외부 물체에 대한 새로운 아이디어, 개념, 이미지를 형성하는 능력이라고 정의한다면, 상상력은 우리가 생각하고 만드는 모든 것에 영향을 미친다고 할 수 있습니다. 상상력은 과학에서 예술에 이르기까지 인류가 이룬 온갖 것을 확장하는 데 결정적인 역할을 한 이론과 발명을 낳았습니다.

그렇지만 관찰자 효과 및 '의식이 붕괴를 야기한다'라는 생각의 발견에 비춰보면, 상상력은 우리가 아는 일상의 거시적인 물질세계에서보다는 양자역학에서 훨씬 더 큰 역할을 할 수 있을 것 같습니다. (관찰자 효과가 발견된 당시나 지금이나 과학자들을 불편하게 하는 것이 바로 이것입니다.)

사실, 최초의 양자 컴퓨터를 만들기 위한 전 세계적 경쟁은 그러한 컴퓨터가 인간의 뇌를 모방함으로써 지금 우리가 사용하고 있는 일반 컴퓨터를 훨씬 능가하는 작업을 수행할 수 있을 것이라는 과학자들의 믿음을 보여줍니다. 기존의 컴퓨터가 트랜지스터 형태로 켜지거나 꺼지는 수십억 개의 물리적 스위치를 사용해서 처리한다면, 양자 컴퓨터는 원자와 아원자 입자를 써서 처리합니다. 이 입자들은 최소한 측정될 때까지는 동시에 켜지거나 꺼질 수 있으니, 양자 컴퓨터는 동시 계산을 실행하는 일이 가능하다는 뜻입니다. 그 결과, 양자 컴퓨터는 최첨단 슈퍼컴퓨터의 수백만 배 속도로 작동한다는 보고가 이미 나와 있습니다.

어쨌거나 관찰자 효과가 우리의 상상력을 통해 더 큰 세계의 현실을 조립해내는 것은 아닐까요? 몇 년 전, 나는 친구에게 빌려준 돈을 돌려받는 일이 정말 긴요하고 절실한 상태였습니다. 나는 친구가 빠른 시일 내에 돈을 갚지 않으면 문제가 생길 상황이었고, 친구는 돈을 빨리 갚아야 하는 것에 거부감을 갖고 있었습니다.

나는 부정적인 것에 초점을 맞추는 대신에 친구가 내게 돈을 갚을 수 있도록 모든 상황이 잘 풀린 순간을 상상했고, 친구가 내게 수표를 건네면서 나를 포옹해주는 장면을 떠올렸습니다. 결국 내가 상상했던 것과 거의 동일한 일이 일어났습니다. 물론 원했던 만큼 빨리 돌려받지는 못했지만, 친구와 나 모두에게 좋은 결과였습니다.

이제 당신 차례입니다. 일어나기 원하는 일을 미리 경험하기 위해 상상력을 사용하는 이 연습을 해보세요. 6장에서 알려준 '집중된 지각 상태 만들기' 연습을 시작함으로써, 당신은 직관 및 변성의식 상태와 관련된 세타파를 포함하는 뇌파 상태를 자극하게 될 것입니다. 상상력을 도구로 사용함으로써, 단순히 바라기만 하는 것이 아니라 당신이 원하는 삶을 더 많이 창조할 수 있습니다. 당신의 신체를 사용하는 노력만으로도 삶에서 당신이 원하는 측면을 창조하는 데 걸리는 시간을 절약할 수 있을 것입니다.

연습: 미래의 삶 미리 경험하기

6장의 '집중된 지각 상태 만들기' 연습을 사용해서 몸을 최대한 이완합니다. 자신을 위해 정말 이루고 싶은 것을 생각하세요. 저는 모든 사람에게 이익이 되는 동시에 누구에게도 해를 끼치지 않으며, 어떤 것도 손상하지 않는 것을 선택하라고 추천하고 싶습니다. 수십 년 이런 연습을 해본 결과, 일어나길 바라는 일이 내게 어떻게 이익이 될까만을 생각하는 것이 아니라, 어떻게 하면 그 일로부터 모든 사람 및 모든 것이 이익을 얻을 수 있을까를 생각할 때, 원하는 결과가 더 안정적으로 일어나는 것 같았습니다.

당신이 창조하고자 하는 것이 시각적으로, 경험적으로, 감정적으로 모든 의미에서 이미 일어났다고 상상해 보세요. 그것이 어떻게 일어났는지에 대한 설명들은 마음에서 완전히 지우세요. 단지 그것이 완료되었다는 완전함을 받아들입니다. 이미 이루어졌다는 안도감이나 만족감뿐만 아니라 창조된 것에서 느낄 수 있는 감각에 깊이 몰입하세요. 준비가 되면 천천히 눈을 뜹니다.

[참고] 당신이 원하는 것이 이미 일어났다고 느끼기 어려운가요? 그렇다면 자신이 거대한 호수와 같은 느낌 속으로 뛰어들고 있다고 상상해 보세요. 몸의 모든 세포 하나하나에 감각이 스며들도록 그 속에서 목욕하는 자신을 지켜봅니다.

고급 기법: 3년 후의 삶 미리 살아 보기

만약 당신이 무엇을 이루고 싶은지 확신할 수 없다면, '3년 후의 삶 미리 살아 보기'라는 이름이 붙은 유사한 연습을 사용할 수 있습니다.[5] 6장의 '집중된 지각 상태 만들기' 연습을 사용해서 몸을 최대한 깊이 이완하는 것으로 시작합니다.

지금 당신이 앉아 있는 모습을 멀리서 본다고 상상하세요. 이제 거품이 당신을 둘러싸고 당신이 앉아 있는 곳이 어디든 그곳으로부터 당신을 들어 올려서, 당신의 집이며 사무실 등이 당신 아래쪽에 보인다고 상상합니다.

당신의 아래쪽에서 지구가 당신의 왼쪽으로 움직이는 것을 보고 있는 가운데, 거품이 당신의 오른쪽으로 움직이기 시작한다고 상상합니다. 여러분이 3년 후 미래로 이동했다고 느낄 때까지 거품의 움직임을 계속 상상합니다. 거품이 정지하면 다시 지구로 내려갑니다.

주변 환경에 주의하세요. 거기는 어디인가요? 무엇을 하고 있나요? 누구와 함께 있습니까? 자신이 경험하고 있는 것을 반드시 창조해야 한다고 생각하지 말고, 그저 알아차리기만 하세요. 3년 후의 자신을 상상함으로써, 당신은 당신 자신과 자신의 삶을 위해 무엇을 창조하고 싶은지 감을 잡을 수 있습니다.

일단 3년 후의 당신의 삶을 미리 보고 메모하는 것이 끝나면, 다시 거품이 당신을 둘러싸서 들어 올리는 모습을 상상하세요. 당신의 왼쪽으로 움직이는 거품을 상상하면서 지구가 여러분 아래쪽에서 움직이는 것을 봅니다. 방금 있던 곳에서 1년 전으로 돌아가 거품이 당신을 내려놓는다고 상상해 보세요. 당신은 지금부터 2년 후에 당신이 상상하는 대로 이뤄진 당신의 삶에 있습니다. 이제 무엇이 보입니까?

다시 거품이 당신을 감싸서 들어 올리는 것을 봅니다. 지구가 당신 아래쪽에서 움직이고 있습니다. 당신의 왼쪽으로 다시 움직이는 거품을 상상하면서, 이번에는 지금으로부터 1년 후의 시간으로 이동합니다. 거품이 당신을 다시 지구로 내려오게 한다고 상상하세요. 이제 뭐가 보이나요?

그리고 마지막으로, 당신이 지금 있는 곳으로 정확히 돌아옵니다. 이 여행에서 통과한 경로에 대한 통찰을 포함해 당신이 본 것을 적어 놓습니다.

08

트라우마

과거 뒤집기

집중된 지각 상태로 들어가는 것은 시간 경험을 마음먹은 대로 바꾸기 위해 필요한 기본 기술입니다. 하지만 연구에 따르면, 거의 대부분의 사람들이 과거를 되새기거나 미래를 걱정하기 위해 현재에 집중하는 일을 회피한다고 합니다.[1]

과거로부터의 후회와 미래에 대한 두려움의 끝없이 반복되는 고리에 갇히게 되면 우리는 집중된 지각의 상태에 이르는 것을 방해받게 되고, 따라서 시간을 마스터하는 일이 불가능해질 수도 있습니다.

그렇지만 걱정하지는 마세요. 과거나 미래에 대한 생각이 자꾸 현재 상태를 간섭하고 방해하는 탓에 집중된 지각의 상태를 이해하기 어렵다고 느껴진다면, 이번 장과 다음 장의 연습을 통해 과거의 고통스러운 생각과 미래에 대한 걱정을 해소할 수 있을 것입니다. 그렇게 해서 집중된 지각 상태를 흔드는 훼방꾼들을 제거하고 당신의 시간 경험을 바꿀 수 있습니다.

어떤 사람들에게는 과거의 고통이 현재를 완전히 경험하기 어렵게 만드는 주요 장애 요인입니다. 마거릿Margaret이 어린 소녀였을 때, 어머니는 교회 일에 매우 열심이어서 자신이 봉사활동을 하러 갈 때마다 교회 건물에 마거릿을 혼자 남겨두었습니다. 대여섯 살 무렵, 교회에 혼자 있던 마거릿은 교회 관리인에게 성추행을 당했다고 합니다. 어머니에게 말했지만, 어머니는 마거릿을 보호하기는커녕 탓을 했다는 겁니다.

어린 시절의 극심한 트라우마, 즉 성추행에 대한 기억과 어머니에 대한 배신감 때문에 마거릿의 인생은 시들어갔습니다. 수십 년이 지난 현재까지도 마거릿은 때때로 아무 일도 할 수 없을 정도로 자존감이 떨어지는 상태에 빠진다고 합니다. 마거릿은 자신의 일상적 경험 가운데 많은 것을 과거 트라우마의 일부로 해석합니다. 이렇게 끊임없는 과거 회상은 마거릿을 시간 안에 얼어붙게 했고, 그녀는 그 사건을 넘어서서 자신의 삶을 계속할 수 없게 되었습니다.

'상처'를 뜻하는 그리스어에서 유래된 트라우마는 심각한 정신적, 감정적, 그리고/또는 신체적 반응을 일으키는 사건으로 정의됩니다.

마거릿이 경험한 것과 같은 성폭력은 분명 트라우마의 범주 안에 있을 것입니다. 하지만 누군가의 삶에서는 우리가 쉽게 동의할 수 없는 온갖 사건들이 다 트라우마로 경험될 수 있습니다.

대니Danny는 몇 년 전 심각한 트라우마를 경험했습니다. 그 트라우마에 대한 대니의 감정적 반응은 깊은 후회였고요. 대니는 고향을 떠나 대학에 다니면서도 고향에서 알고 지냈던 친구와 좋은 관계를 이어갔습니다. 방학을 해서 집에 왔을 때도 그녀와 시간을 보냈습니다. 대니의 친구(여사친)는 대니보다 먼저 대학을 졸업했고 성공적인 경력을 이어가고 있었는데, 주말에 고향 집에 올 때마다 서로 연락을 하곤 했습니다.

어느 날 저녁 고향 마을로 온 대니와 그녀는 함께 몇 잔의 술을 마시고 대니의 집에 들렀습니다. 그녀는 다음날 아침 일찍 미팅이 있어서 밤에 운전을 해서 집으로 돌아가야 한다고 했습니다. 대니는 자기 집에서 자고 아침에 출발하라고 권했지만, 그녀는 받아들이지 않았습니다. 대니는 그녀의 남자친구도 아니고, 자신보다 나이도 많은 그녀가 늘 현명하다고 생각했기에 더 이상 고집을 부리지 않았습니다.

그녀는 차를 몰아 대니의 집을 떠났습니다. 그리고 그날 밤 끔찍한 사고를 당해 사망했습니다. 대니는 자책했고, 그날 밤 그녀가 운전하지 못하도록 끝끝내 말리지 못한 자신의 행동을 후회했습니다. 마거릿의 경우와 마찬가지로, 이 사건은 대니가 계속해서 비극을 되새기며 시간 속에 얼어붙게 만들었습니다.

두 경우 모두, 삶의 방향을 영원히 바꾸고 부정적인 감정을 초래하는 트라우마가 발생한 것입니다. 앞의 경우는 충격적인 사건을 직접 경험했고, 뒤의 경우는 죄책감의 형태로 자신에게 트라우마를 가하는 비극적인 사건이 일어났습니다.

트라우마와 후회는 과거라는 렌즈를 통해 현재를 바라본 결과인데, 그것이 항상 나쁜 것은 아닙니다. 다만 과거의 렌즈를 통해 계속 현재를 바라볼 때, 현재는 과거의 표현이 되고, 그럴 때 우리는 있는 그대로의 현재에 온전히 있기 어렵습니다. 말하자면 맥락이 중요합니다.

트라우마도 시간이 흐르면서 치유가 일어나고 그에 따라 분노, 불안, 두려움, 슬픔이 희미해져서 건강하고 정상적인 감정으로 돌아올 수도 있습니다. 하지만 때로 이런 감정들이 치유를 늦추거나 불가능하게 만들 수도 있습니다. 마거릿의 경우, 트라우마로 인한 두려움은 친구 선택에 신중을 기하게 하고, 트라우마에 대한 분노는 자신을 보호하는 긍정적 결과를 불러올 수도 있었지만 실제로는 그렇지 않았습니다. 대니 역시 그날 밤 자신의 행동에 대한 죄책감은 그녀의 가족에게 사과하고 긍정적인 자아 이미지 회복을 위해 노력하는 결과를 가져올 수도 있었지만, 그렇게 되지 않았다는 말입니다.

두 경우 모두, 그런 감정들은 어떤 행동 변화도 일으키지 못했습니다. 오히려 두 사람 모두 트라우마로 인해 심하게 일그러진 자아상을 발달시켰고, 자신이 쓸모없다는 느낌, 무력감, 열패감, 근본적인 결함이 있다는 느낌이 그들을 시간 속에 갇히게 만들었습니다. 두 사람 모두 얼어붙어서, 자신이 느끼는 부정적 감정을 완화시킬 어떤 행동도 할 수 없었습니다. 이러한 감정들은 누군가의 생각을 지배할 뿐만 아니라, 그 사람이 세상과 위험스럽게 단절되어 있다고 느낄 정도로 인간관계에 부정적인 영향을 미칩니다.

다행스럽게도, 트라우마에 대한 많은 연구 덕분에 우리는 트라우마가 뇌에 미치는 영향에 대해 더 잘 이해하게 되었습니다. 오랫동안 과학자들은 뇌가 신체와 유사하다고 믿었습니다. 예컨대 뇌는 신체와 마찬가지로 일단 성숙하면 성장이나 발달을 멈춥니다. 뇌가 다치거나 질병에 걸리면 회복의 가능성은 매우 제한적이라는 의미가 됩니다. 하지만 최근에 노먼 도이지Norman Doidge라는 연구자는 뇌가 경험과 사건에 반응하여 끊임없이 변화하고 있다고 주장합니다.[2] 신경가소성神經可塑性(성장과 재조직을 통해 뇌가 스스로 신경 회로를 바꾸는 능력-역주)이라 불리는 이 연구 분야는 트라우마뿐만 아니라 자폐증, 뇌졸중, 파킨슨병 등으로부터 뇌가 광범위한 자기 치유를 수행할 가능성을 시사합니다.

이 연구에 따르면 마거릿과 대니의 경우에도 트라우마와 지속적인 후회의 영향은 일시적이며, 뇌가 스스로 신경 배선을 바꾸고 다시 연결함에 따라 강도를 낮출 수 있다는 겁니다. 하지만 그들에겐 그런 일이 일어나지 않았습니다. 사실, 신경가소성 가설을 비판하는 사람들은 뇌의 이런 배선 회복 기능이 사람들을 치유하고 앞으로 나아가게 하는 데 도움이 되지 않으며, 고집스럽고 자기 파괴적인 습관을 초래한다고 지적합니다. 게다가 미래의 트라우마에 대한 심리적 방어기제가 구축되어 트라우마 그 자체보다 더 자기 파괴적으로 적응할 수 있다고도 합니다. 도이지가 주장한 신경가소성은 부적절하고 무의미하며, 누군가의 심리적 발달에 전혀 영향을 미치지 못한다는 비판도 있습니다.[3]

우리의 뇌 수준에서 트라우마를 치유하고 심리적으로 과거에 갇혀 있는 사람들을 해방시키는 데 더 유망할 수 있는 다른 연구 분야가 있는데, 바로 마음챙김mindfulness입니다.[4]

마음챙김 상태에서는 자신의 생각이 나쁜 것인지 좋은 것인지 판단하지 않고 관찰할 수 있습니다. 마음챙김의 또 한 가지 이점은 마음챙김의 실행이 통제력을 갖고 있다는 생각을 자극해 차분하고 명료하며, 집중된 느낌을 가져온다는 것입니다. 시간의 관점에서 마음챙김은 누군가가 현재의 순간을 의식하거나 알아차리고 있음을 의미합니다. 이 말은 과거에 뿌리를 둔 트라우마가, 마음챙김 상태에 있는 뇌와 공존할 수 없다는 의미이기도 합니다.

마음챙김은 알파, 세타, 감마를 포함한 뇌파 상태를 유도하는데, 알파, 세타, 감마 뇌파는 더 높은 각성awareness을 경험하고 있을 때 나타납니다. 이미 짐작했겠지만, 명상은 마음챙김의 상태를 이끌어내는 실천 수행이며, 우리가 집중된 지각의 상태로 나아가는 방법이기도 합니다. 여기에 우리가 마주하게 되는 어려움이 있습니다. 과거의 고통은 마음챙김의 경험을 방해할 수 있지만, 과거의 고통을 완화하기 위해 필요한 것이 바로 그 마음챙김이라는 사실입니다.

이런 딜레마를 깨고 문자 그대로 과거에 영향을 미칠 수 있는 방법이 있을까요? 양자이론의 관점에서, 즉 양자 입자의 수준에서 답은 '그렇다'입니다.

관찰 여부가 빛이 광자로 작용할지 파동으로 작용할지를 결정한다는(그리고 관찰되기 전까지는 파동일 수도 있고 입자일 수도 있다는) 파동-입자 이중성의 개념에서 고안된 이 사고실험은 1970년대에 물리학자 존 휠러에 의해 수행되었습니다, 그리고 그 결과는 현재의 행동이 과거에 일어난 일에 영향을 미친다는 것을 보여줍니다.

'지연 선택 양자 지우개delayed-choice quantum-eraser' 실험[5]이라고 불리는 5개의 실험은 다음과 같이 작동합니다. 이 실험은 원래 파동-입자 이중성을 증명하기 위해 사용된 고전적인 '이중 슬릿 실험'으로 시작합니다. 옆의 그림과 같이 광원이 있다고 상상해 보세요. 광원에서 광자가 뿜어져 나와, 두 개의 슬릿(틈)을 통과해서 맞은편 화면에 나타납니다. 만약 광자가 두 개의 슬릿을 통과한다면, 실험을 관찰하는 연구자들은 빛이 파동처럼 행동한 결과로서 밝은 부분과 어두운 부분이 교대로 나타나는 '간섭 패턴'을 보게 될 것입니다.

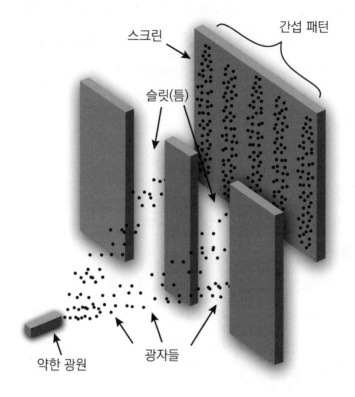

이중 슬릿 실험

   자, 여기서 사고 실험이 시작됩니다. 슬릿의 맞은편에 있는 스크린이 없다고 상상해 보세요. 광원에서 발사되는 광자는 총에서 발사된 총알처럼 계속 진행할 것이며, 그것들이 파동으로 끝날지 입자로 끝날지는 어떤 화면에도 탐지되지 않을 것입니다.

그런데 만약 광자가 슬릿을 통과한 후에야 스크린을 만나게 될지 아닐지가 결정된다면 어떻게 될까요? 우리가 양자 원리를 일관되게 적용한다면, (스크린을 만나게 된) 빛은 마치 시간을 거슬러 올라가듯 파동에서 입자(광자)로 변할 것입니다.

2007년, 프랑스의 연구자들은 단일 광자들이 두 개의 슬릿을 통과하는 이중 슬릿 실험을 다시 했습니다.[6] 그리고 난수 발생기를 사용하여 광자 탐지를 위한 스크린을 반대편에 둘지 말지를 결정하고, 광자가 스크린에 도달하는 것보다 빠르게 스크린이 있는 상태에서 스크린이 없는 상태로 전환할 수 있는 장비도 사용했습니다.

심지어 지구에서 우주로, 3,500킬로미터가 넘는 거리를 두고 광자를 쏘는 것으로 실험이 확대되었을 때에도 결과는 동일했습니다. 광자의 과거는 확고하게 고정되지 않았습니다. 과거는 현재에 일어나는 일에 따라 달라질 수 있다는 말이 성립되는 것입니다.[7]

광자는 양자 세계에 살고 우리 주변의 거시적인 세계와는 매우 다르게 행동합니다. 현재 일어나는 일이 과거를 바꿀 수 있음을 암시하는 과학적 결과에는 신비롭고 환상적인 뭔가가 있습니다. 이 양자 원리를 실제로 현실에 적용할 수 있을까요? 집중된 지각과 상상력의 기술을 결합하는 과거 뒤집기reversing the past라는 고대의 기법을 사용하면 됩니다.

이 기법을 통해 당신은 과거 경험했던 트라우마로 돌아가고, 트라우마를 둘러싼 사건들을 다시 경험하고, 트라우마가 끝나는 방식을 바꾸기 위해 상상력을 사용합니다.[8] 대니는 그 기법을 사용해서 기억 속에 있는 비극적인 결정의 순간을 다시 경험하고, 그 후에 일어난 일을 바꿈으로써 지나친 자책감을 극복하는 데 성공했습니다.

과거의 충격적인 생각들로부터 즉시 해방되진 못했지만, 21일 동안 매일 그 기법을 반복함으로써 누군가의 신체적 죽음이라는 현실을 받아들였고 죄책감에서 벗어나 평화를 찾을 수 있었습니다.

과거의 경험이 부정적이라고 해서 꼭 트라우마가 되는 것은 아니란 말입니다. 저는 하루 동안 있었던 사건들로 인한 부정적 감정이 미래에 미칠 영향을 지우기 위해, 매일 저녁 그날의 부정적인 결과가 가능한 한 최선의 결과로 바뀌는 것을 보면서(뒤에 나오는 고급 기법들을 참조하세요.) 하루를 반전시키곤 합니다.

물론 과거를 뒤집는 것이 그 사건에 대한 실제 경험을 지울 수는 없습니다. 하지만 확실한 것은 당신은 일어난 사건에 대한 감정을 바꿀 수 있고, 자신을 과거로부터 해방시켜 현재를 즐기도록 할 수 있다는 것입니다. 자신을 위해 더 밝은 미래를 조립할 수 있다는 의미이기도 합니다.

연습: 과거 뒤집기

6장에서 소개한 '집중된 지각 상태 만들기'를 사용하여 최대한 깊이 긴장을 풉니다.

눈을 감고 숫자 0이 나타나는 것이 보이면, 당신 삶에서 바꾸고 싶고 벗어나고 싶은 경험으로 초점을 옮기세요. 사소한 경험일 수도 있고 중요한 일일 수도 있습니다. 사소한 사건 뒤에 더 깊은 트라우마가 있는 것 같은데 그게 뭔지 확실하지 않다면, 작은 사건으로 시작하면 됩니다.

마치 그 순간을 다시 사는 것처럼, 당신이 있었던 장소와 함께 있었던 사람들에 대한 감각을 경험하기 시작합니다. 분노, 두려움, 적대감, 좌절, 슬픔, 불안 등, 경험과 관련된 모든 감정을 끄집어내십시오. 부정적인 감정을 환영하는 마음으로 맞습니다. 그 모든 경험과 감정을 마음속에 간직하세요. 그 모든 것이 지금 이 순간 당신에게 다시 일어나듯이 말입니다.

이제, 그것이 무엇이든 부정적인 경험을 뒤집어서 완전히 사라지게 합니다. 경험을 둘러싼 모든 문제와 질문이 당신의 생각으로부터 사라지게 허용하세요. 안도의 한숨을 내쉬고 문제가 해소되었다는 느낌에 충만한 힘을 느끼세요.

준비가 되면, 천천히 눈을 뜹니다.

고급 기법: 실시간으로 경험 뒤집기

하루 종일 일어나는 부정적인 경험을 반전시키기 위해 이 연습을 사용할 수 있습니다. 예를 들어 나는 우울하거나 화가 난 사람과 대화를 했을 때는 가능한 한 빨리 눈을 감을 수 있는 조용한 장소를 찾습니다. 집중된 지각 상태를 실행하고, 불쾌한 말이 나온 지점까지 대화를 다시 경험한 다음, 기분이 좋아지거나 평화로워질 수 있을 정도로 이미 말해진 것의 내용과 형식을 바꿉니다.

고급 기법: 하루 뒤집기

하루를 마감할 때 이 방법을 써서 그날 당신에게 일어난 사건을 반전시킬 수 있습니다. 하루 동안 당신에게 일어났던 모든 경험을 최상의 버전으로 바꾸는 것입니다. 기억나는 모든 경험을 대상으로 계속 작업하세요. 하루를 완전히 다시 살고 나면 당신의 잠자리에서 평온하고 깊은 잠 속으로 들어갈 준비가 된 것입니다.

고급 기법: 꿈 뒤집기

과거를 뒤집는 작업은 꿈을 대상으로 해도 효과가 있습니다. 나쁜 꿈에서 깨어났을 때는 지나간 사건 대신 꿈을 대상으로 위의 기법을 이용하세요. 불안해지는 순간까지 아주 자세하게 꿈을 다시 경험할 수 있습니다. 그런 다음 부정적인 것이 무엇이든 뒤집어서 가능한 한 최선의 꿈 버전이 눈앞에서 일어나는 것을 지켜보세요. 앞에 있는 실행 지침대로 나머지 연습을 실행하면 됩니다.

고급 기법: 과거의 트라우마 반전시키기

특정 시나리오와 관련해서 지속적으로 부정적인 감정을 경험하고 있고 그 이유를 확신할 수 없으며, 부정적 감정의 더 깊은 원인을 기꺼이 탐구하려는 간절함이 있다면, '필요할 때 바로 통찰 얻기' 연습(11장 참조)을 시작할 수 있습니다.

당신이 시달리는 부정적인 감정의 근원이 무엇인지 감이 잡히면, 앞의 기법(과거 뒤집기)을 통해 반전시킬 수 있습니다. 문제 상황이 해소되는 단계에 이르면, 가장 현명하고 친절한 성숙한 자아adult self가 지금 사건 속에서 당신과 함께 있다고 상상하세요.

이 모든 부정적인 감정을 해결하거나 치유하기 위해 그 순간에 가장 필요한 것은 무엇이었을까요? 당신을 위해 필요한 모든 것을 제공하는 당신의 성숙한 자아를 보세요. 그 사건이 최선의 방법으로 완전히 해결되었을 때 생겨나는 모든 긍정적인 감정을 느껴봅니다. 앞에서 설명한 지침대로 나머지 연습을 완료합니다.

걱정

미래가 당신을 위축시키지 못하게 하기

미래에 대한 두려움 역시 집중된 지각 상태에 도달하는 것을 방해합니다. 저는 외진 곳에 살기 때문에 밤에는 일정 시간 동안 경보 장치를 가동합니다. 그날 밤도 잠들기 전에 경보 장치를 가동했습니다. 그런데 경보 장치에 아무 반응이 없는데도 왠지 집안에 누군가 있다는 느낌이 들었습니다.

정말 누군가 있다면 나와 함께 사는 반려동물들이 어떤 식으로든 반응을 보였을 테지만, 그들은 내 침대 위에서 평화롭게 자고 있었습니다. 그런데도 이런 생각을 멈출 수 없었고 공포가 밀려와 몸이 마비되는 것 같았습니다. 결국 공포감에 떨며 밤새 잠을 설쳤습니다.

경보는 울리지 않았고 동물들도 전혀 동요하지 않았으니, 내 두려움은 완전히 불합리한 것이었습니다. 심지어 위험에 처했을 때 자주 경험했던 느려지는 시간도 느껴지지 않았습니다. 그렇다는 것은 내가 이 경험을 하는 동안 집중된 지각 상태에 있지 않았다는 말이 됩니다. 그러니 뭔가 다른 일이 일어나고 있었던 겁니다.

두려움, 그리고 두려움의 약한 버전인 걱정은 다른 감정들과 다릅니다. 그날 밤의 경험을 돌이켜보면, 두려움은 내 몸과 생각의 모든 면에 영향을 미쳤습니다. 두려움은 주변의 사건들을 이해하는 이성을 저하시켰고, 몸을 마비시켜 때때로 움직일 수 없게 만들었습니다. 뇌 과학을 통해 이미 알고 있듯이, 생각과 감정에 의해 다양한 뇌파 상태가 생성됩니다. 최근 무서운 이미지에 노출된 사람들의 뇌에서 어떤 일이 일어나는지를 다룬 연구가 발표되었습니다.[1]

이 연구의 특이점은 공포에 대한 동물의 본능적 반응인 투쟁/도피 반응fight-or-flight response으로부터 사람들의 생각을 분리해 보려 했다는 것입니다. 연구는 우리의 뇌가 위협적인 정보로 지각하는 것에 대해 우선순위를 매기는 방식에 특별한 관심을 기울였습니다.

연구 참가자들에게 시각적 왜곡으로 인해 인식할 수 없는 이미지와 명확하게 인식할 수 있는 이미지를 무작위로 보여주었습니다. 그 이미지들은 유쾌하고 위협적이지 않거나 불쾌하고 위협적이었습니다. 사람들은 머리에 센서를 착용한 채 버튼을 눌러 방금 본 이미지의 유형을 기록했습니다. 예상했던 대로, 공포스러운 이미지는 즉시 전투나 도주의 선천적 반응과 관련되는 베타파의 활동을 더 높은 정도로 유발했습니다. 그런데 연구자들은 불쾌하고 두려운 이미지들이 (보통의 경우에는 창의성, 영감, 통찰력과 관련되어 나타나는) 세타 뇌파를 증가시킨다는 사실을 발견했습니다.

세타파는 뇌의 편도체amygdala 공포 중추가 위치한 부위에서 시작되어 뇌의 기억 중추가 위치한 해마hippocampus로 이동한 뒤, 마지막으로 인간의 지능과 상상력이 위치한 것으로 추정되는 전두엽frontal lobe으로 이동했다고 합니다.

연구자들은 뇌의 뉴런에 의해 방출되는 전기 신호의 일반적인 방향을 설명하기 위해 '이동move'이라는 용어를 사용했습니다. 다시 말해, 두려움은 우리의 의식적인 생각과 감정뿐만 아니라 기억, 생각, 상상력에 영향을 미치면서 우리의 뇌 전체에 걸쳐 이동하는moves 것처럼 보입니다.

규모가 작긴 했지만, 이 연구는 끈질기게 지속되는 두려운 사건에 대한 생각을 어떻게 다룰 것인지뿐 아니라, 두려움 가득한 사건에 대한 갑작스러운 회상을 촉발하는 것이 무엇인지에 대한 단서를 제공했습니다. 또한 걱정은 두려움보다 덜 강렬하게 느껴지긴 하지만, 두려움과 마찬가지로 뇌 속의 어떤 생각으로부터 특정 뇌파가 생성되고, 생각이 유지되는 동안 한 영역에서 다른 영역으로 이동합니다.

내 생각에 이것이 의미하는 바는 두려움과 걱정은 집중된 지각의 뇌파 상태에 의해 무력화될 수 있다는 것입니다. 명상에서 비롯되는 집중된 지각은 두려움과 걱정을 감소시키고, 베타 뇌파와 관련된 자기참조적 생각self-referential thoughts('내게 무슨 일이 일어날까?'가 대표적입니다)을 제거하는 것으로 나타났습니다.

물리학의 관점에서, 관찰자 효과는 과학자들이 양자 입자에 집중하고 있었는지 여부에 달려 있습니다. 그러니 어쨌거나 당신의 생각에 집중하면 현재를 경험하는 방식에 유의미한 영향을 미칠 수 있습니다.

그토록 두려움에 사로잡혔던 그날 밤, 나는 결국 정신을 차리고 뒤에 나오는 연습을 이용해서 '싸울 것인가, 아니면 도망칠 것인가' 상태에 묶여있던 생각을 멈출 수 있었습니다. 나는 바이오사이버넷 연구소에서의 경험을 통해, 집중된 지각을 사용하여 깊이 이완한다면 내 뇌파를 공포 상태에서 편안하고 반조적인reflective 알파파 상태로, 최종적으로는 명상적인 세타파 상태로 바꿀 수 있다는 사실을 알고 있었습니다.

나는 다음의 연습들을 이용해서 두려움의 감정을 강화한 다음, 순간적으로 내가 괜찮고 완전히 안전하다는 사실에 집중함으로써 무지막지한 두려움을 순식간에 정지시켰습니다. 내가 느꼈던 안도감은 집중된 지각 및 시간 초월 경험과 관련되어 정신적 이완 상태인 세타파를 불러왔을 것입니다.

미래에 대한 두려움이나 걱정이 현재 순간을 의식하는 데 방해가 된다면, 과거에 집중할 때와 마찬가지로 시간 경험에도 영향을 받게 됩니다. 당신이 미래에 대한 걱정에 갇혀 있다면, 아무리 정지된 시계가 많더라도 당신이 편안함과 몰입을 경험하게 도울 수 없을 것입니다. 걱정스러운 생각이 생기거나 공포감에 사로잡힐 때 다음의 연습을 해보세요. 어쩔 줄 몰라 꼼짝 못 하는 대신, 물리적인 부분과 지각적인 부분으로 구성된 방정식의 지각 부분을 즉각 바꿈으로써 당신의 뇌파를 고도의 각성이 가능한 상태로 전환시킬 수 있습니다.

이렇게 함으로써 당신은 시간을 초월할 수 있는 상태에 보다 쉽게 접근할 수 있고, 미래에 대해 걱정하느라 낭비하는 시간을 절약할 수 있습니다. 그 시간에 현재에 대해 뭔가를 더 할 수 있게 되는 것입니다.

연습: 미래가 당신을 위축시키지 못하게 하기

6장의 '집중된 지각 상태 만들기' 연습을 사용하여 최대한 긴장을 풀고 이완하세요. 눈을 감고 숫자 0이 나타나는 것을 보면, 희석하고 싶거나 벗어나고 싶은 두렵거나 걱정스러운 생각으로 초점을 옮깁니다.

당신이나 다른 사람이 해를 입게 될 불쾌한 상황들을 자세히 상상함으로써 두려움의 감정을 완전하게 경험해 보세요. 만약 사소한 정도의 걱정이라면, 일어날 수 있는 모든 불쾌한 일들의 극단적 상황을 떠올려 걱정을 강화하세요. 당신의 몸에서 감각이 느껴질 때까지 두려움의 감정을 키웁니다. 그 극단의 경험과 감정을 마음속에 간직하세요. 마치 그 모든 것이 지금 이 순간 당신에게 일어나고 있는 것처럼 말입니다.

이제 그만 상상을 멈추고, 그 경험이 결코 일어난 적이 없다는 사실을 온 마음으로 확인합니다. 지금 이 순간, 당신은 괜찮습니다. 불쾌함도 없고 완전히 안전합니다. "아, 그런 일은 일어나지 않았구나!", 혹은 "일이 그렇게 되진 않았네!"라고 스스로에게 말합니다.

당신이 상상했던 모든 생각과 감각이 마음에서 사라지게 하세요. 당신은 어떻게, 왜 그런지는 모르겠지만 상상했던 것처럼 불쾌한 일이 일어나지 않았다는 안도감에 빠져듭니다. 당신의 마음이 반대 의견을 내며 반발하고 저항할 수도 있지만, 그런 반발은 무시하세요. 반대 의견이 계속 나와도 괜찮습니다. 신경 쓰지 말고 계속 무시하세요.

불쾌감으로부터의 완전한 자유를 느낍니다. 그 자유로움에는 안전한 느낌이나 긍정적인 결과가 포함되어도 좋습니다. 불쾌한 일이 일어나지 않았다고 안도의 한숨을 내쉬는 자신을 지켜보세요. 준비가 되면 천천히 눈을 뜹니다.

고급 기법: 무엇이 진실인가요?

지속적으로 되풀이되는 두려움을 중화하거나 무효화하는 데는 작가인 찰스 아이젠슈타인Charles Eisenstein[2]의 방법이 꽤 효과적입니다.

파트너와 함께 하면 가장 효과적인 방법이기도 합니다. 예를 들어 직장을 잃을 수 있다는 두려움을 경험하고 있다면, '집중된 지각 상태 만들기'부터 시작하세요. 그런 다음 눈을 뜨고 상황에 대한 적나라한 사실과 그 사실들에 대한 최소한 두 가지씩의 다른 해석을 적으세요. 파트너가 먼저 "당신은 직장을 잃게 될 거라 생각하는군요? 무엇이 진실인가요?"라고 묻습니다. 당신은 두 가지 다른 해석을 읽음으로써 무엇이 진실인지 대답합니다.

그러고 나서 당신의 파트너는 당신에게 다시 "무엇이 진실인가요?"라고 묻고, 당신은 다시 사실들에 대한 두 가지 다른 해석으로 답을 합니다.

당신의 뇌가 일어날 수 있는 일에 대한 불쾌한 해석을 주장하기 위해 상황에 관련된 사실을 왜곡하고 있을 수도 있는 그 방식이 보일 때까지 질문과 대답을 계속해서 반복하세요. 결국 당신은 무엇이 진실인지를 밝혀낼 것이고, 그렇게 밝혀진 진실은 당신이 두려워했던 것만큼은 불쾌하지 않을 가능성이 높습니다.

10

집중

시간 늘이기

몇 년 전 일입니다. 나는 뉴욕의 어퍼 이스트 사이드Upper East Side에
서 친구들을 만나기로 했습니다. 센트럴 파크 건너편의 한 카페에서
나를 기다리고 있는 친구를 만나기 위해 내가 묵고 있던 아파트를 나
섰습니다. 약속 시간은 오전 11시, 내가 출발한 시각은 10시 50분이
었습니다.

당신이 뉴욕의 지리를 알고 있는 분이라면, 애초부터 제시간에 도
착할 방법은 없다고 생각할 것입니다. 10분이란 시간 내에 도착한다
는 것은 턱도 없었고, 내가 탄 택시는 일방통행 도로 한복판에 멈춰서
앞에 가던 소방차가 천천히 후진해서 소방서로 들어가는 걸 지켜보는

수밖에 없었습니다.

택시 안에서 나는 명상 상태에 들어가 지각에 집중했습니다. 고개를 쳐드는 불안감에 휩쓸리지 않고, 택시 계기판 위 구식 시계의 문자판을 응시하면서 시침과 분침이 정확히 11시를 가리킬 때 택시에서 내리는 내 모습을 상상했습니다. 그리고 상상했던 그대로의 일이 일어났습니다. 나는 오전 11시 정각 택시에서 내렸고, 약속 시간에 맞춰 친구를 만날 수 있었습니다.

어떻게 이런 일이 가능했을까요? 3장에서 저는 '루프 양자 중력 이론'을 언급한 바 있습니다. 그 이론을 지지하는 물리학자는 시간에 대한 우리의 인식이 물리적 현실과 일치하지 않는다고 말할 것입니다. 물리학자 카를로 로벨리Carlo Rovelli는 『시간은 흐르지 않는다L'ordine del tempo』(원 제목은 『시간의 질서』-역주)에서,[1] 아인슈타인조차 시간을 상대적인 속도나 질량에 근접한 정도에 따라 짧아지고 길어지는 신축성 있는 고무줄 같은 것으로 특징짓고 있다면서, 과학자들이 이 사실을 계속 무시하고 있다고 지적합니다.

로벨리는 언제 어디서나 일어날 수 있는 모든 사건을 나타내는 무한한 수의 4차원 블록처럼, 시간이란 우리의 지각을 통해 과거, 현재, 미래를 투영하는 이산 입자discrete particle와 같은 것들의 복잡한 집합 intricate collection이라고 이론화했습니다.[2]

'루프 양자 중력'은 시간을 설명하는 이론 중에 내가 가장 좋아하는 것입니다. 오랫동안 나는 실재하는 진짜 우주가 순간순간 개별적인 순간에 일어난다고 느끼고 있었습니다. 관찰자 효과가 인간에게 어떤 것이든, 또한 현실을 조립하는 데 어떤 역할을 할 수 있든지 간에, 관찰자 효과가 나타나기 전의 사건들은 한 번에 여러 위치에 잠재적인 것으로 존재하며, 입자들은 로벨리의 이산 공간 및 시간 입자와 유사하게 알 수 없는 힘에 의해 얽힙니다. 루프 양자 중력 이론처럼 거의 모든 일이 일어날 수 있음을 의미하는 것이고, 우리가 한계 없는 세상에서 살아가고 있다는 뜻이기도 합니다. 이는 내 개인적인 경험과도 부합합니다.

아마도 당신은 자신도 모르게 시간을 늘인 적이 있었을 겁니다. 극도로 위험한 순간, 시간이 어떻게 느려지는지를 경험한 몇 가지 사례를 앞에서 보았습니다. 그런데 내가 인터뷰한 거의 모든 사람들은 극도의 위험은 아니지만, 시간이 정상적으로 흐르지 않았던 경험담들을 털어놓았습니다. 그들은 사랑하는 사람의 임종을 지키기 위해서 비행기를 타야 했을 수도 있습니다. 기적적으로 모든 것이 맞아떨어지고, 중요한 순간 원하는 곳에 있을 수 있었던 것입니다.

나 역시 어머니가 돌아가시기 전에 그런 일을 경험했습니다. 결국 여유 있게 어머니를 볼 수 있었습니다. 이런 사건들은 자신에게 의미 있는 일을 제대로 처리할 수 있도록 우리 지각의 관찰자 부분이 시간을 연장한 사례로 보입니다.

최근 아만다Amanda는 내게 시간을 늘인 경험을 얘기해주었습니다. 그녀는 방과 후에 두 아들을 차에 태우고, 신호등이 많고 도로 공사가 진행 중인 혼잡한 고속도로를 따라서 항해 실습장까지 태워다 주곤 했습니다. 그녀의 경험에 따르면, 선착장에 도착하기까지 보통 20분에서 25분 정도 걸린다고 합니다.

"재밌는 건, 내가 몇 시에 떠나든 항상 제시간에 선착장에 도착하는 것 같다는 거예요. 차이가 나 봐야 일이 분이었죠."

아만다의 말입니다.

"도로 공사가 시작되기 전에는 항해 실습장까지 10분 정도 걸렸어요. 종종 공사 중이란 사실을 잊어버리고 10분 전에 출발하기도 해요. 그런데 이상하게 도로 공사를 하고 있는데도 꼭 제시간에 도착하는 거예요. 20분이나 25분 전에 출발해도, 여전히 비슷한 시간에 도착하더라고요."

아만다는 "웬만해선 지각 걱정을 하지 않아요"라고 말을 이었습니다.

"이유는 잘 모르겠지만, 제시간에 도착하리라는 것을 이미 일어난 기정사실처럼 믿고 있었네요."

아만다는 오래전부터 그런 경험을 했던 것은 아니라고 합니다.

"예전에 아이들을 유치원에 태워다 줄 때에는 지각할까 봐 노심초사했어요. 지각하면 선생님들이 나를 나쁜 엄마라 볼 거란 생각에 걱정은 더 커졌고, 진짜 지각하는 일이 잦았습니다. 자기 완결적으로 영원히 지속하는 악순환처럼 느껴졌어요."

아만다에게 그 차이에 대해 물었습니다.

"아이들을 항해 실습에 데려다주는 것과 유치원에 데려다주는 것 사이에 무슨 차이가 있나요?"

"글쎄요. 아이들을 유치원에 데려다 줄 때는 나 자신에게 집중했고, 평가당하는 것을 두려워했어요. 그런데 항해 실습장에 데려다줄 때는 나 자신을 전혀 의식하지 않아요. 아이들이 배를 모는 것을 얼마나 좋아하고 함께 배우는 친구들을 얼마나 좋아하는지, 그리고 얼마나 멋진 경험을 할 것인지, 하나같이 좋은 쪽만 생각하게 되더라고요. 이상하게 늦는 것은 걱정이 안 되었죠. 이런저런 일로 늦을 것 같은 때조차도요."

아만다의 이야기는 투쟁-도피 반응과 관련된 베타파 상태와 집중된 지각 상태의 차이를 설명하고 있었습니다. 운전자는 어느 쪽이든 될 수 있었던 겁니다. 아만다가 자신이 가장 중요하게 여기는 것에 집중할 때, 시간은 그 필요에 따라 늘이거나 구부릴 수 있는 것이었어요.

이것이 시간이 작동하는 방식이라면, 그래서 필요할 때 우리가 독자적으로 시간의 흐름을 늦출 수 있다면 어떨까요? 그렇다면 시간을 늦추는 방법은 무엇일까요? 핵심은 우리의 뇌파 상태입니다. 우리가 제시간에 목적지에 도착하지 못할 것 같아 불안해할 때, 우리가 경험하는 두려움은 베타파의 원숭이처럼 날뛰는 마음을 더 시끄럽게 만듭니다. 그런 함정에 빠지지 말고 알파파와 세타파를 포함하는 집중된 지각의 명상 상태로 되돌아가면, 우리는 언제 어떤 시계를 사용하더라도 놀라운 결과를 얻을 수 있습니다.

연습: 시간 늘이기

혹시, 5장을 읽으면서 뇌파를 변화시켜 시계의 초침을 멈추는 벤토프 박사의 실험을 시도해 보았나요? 당신이 늦을지 안 늦을지를 결정하는 어떤 시계에도 이와 같은 기법을 적용할 수 있습니다. 예를 들어 보겠습니다. 당신이 탄 차가 지금 정체된 도로에 끼어 있고 대시보드에 시계가 있다면 그 시계에 집중하세요. (디지털 시계에는 아날로그 시계의 초침이 주는 것과 같은 효과가 거의 없지만 아주 급하고 궁지에 몰렸을 때는 사용할 수도 있습니다.)

[참고] 이 방법은 운전하지 않을 때 가장 효과적입니다. 운전 중이라면 옆의 고급 기법을 참고하세요.

첫째, 무심한 듯 시계를 부드럽게 바라보세요. 시계의 움직임이나 숫자가 변하는 단조로운 리듬에 주의를 기울이세요. 의도적으로 시선을 바로 뒤로 옮겨서 시계의 문자판에 고정하세요.

시계로부터 시선을 움직여 차창 밖의 도로 또는 다른 곳으로 시선을 옮겼다가 시계 문자판으로 돌아오는 일을 반복합니다.

목적지에 제시간에 도착하는 장면을 머릿속에서 영화를 상영하듯 생생하게 상상합니다. 목적지로 가는 동안 제시간에 도착하는 이 영화를 계속 재생하면서, 간헐적으로 시계에서 도로나 주위 환경으로 시선을 옮깁니다.

고급 기법: 제시간에 도착하기(운전 중일때)

당신이 운전 중이고 제시간에 어딘가에 도착해야 한다면, 도로에서 눈을 떼지 말고 시선을 도로에 고정한 채로, 제시간에 도착할 경우 당신이나 다른 사람들이 얻게 될 긍정적인 이점을 생각해보세요. 관련된 사람 모두에게 이익을 주기 위해 제시간에 도착하고 싶은 긍정적 열망을 느껴봅니다. 그런 다음, 갈망을 내려놓으세요.

제시간에 목적지에 도착하고 그렇게 함으로써 얻을 수 있는 모든 긍정적인 결과를 보여주는 영화를 마음속에서 만들어 보세요. 당신은 당신의 목적지에 도달할 수 있는 세상의 모든 시간을 갖고 있다고 자신에게 상기시킵니다. 여행에 필요한 시간이 아무리 길더라도 충분한 여유를 만들기 위해 당신 주위에서 시간이 늘어나고 이동한다고 상상합니다. 목적지에 도착할 때까지 제시간에 도착하는 그 영화를 마음속에서 계속 재생합니다.

생각

필요할 때 바로 통찰 얻기

진화론은 1840년경 찰스 다윈이 주창한 것이라 알고 있는 사람들이 많습니다. 하지만 동일한 이론이 알프레드 러셀 월리스Alfred Russel Wallace에 의해서도 개발되었다는 것을 아는 사람은 드뭅니다.[1]

발명가나 과학자들이 동시대에 독립적으로 같은 아이디어를 생각해낸 사례는 셀 수 없이 많습니다. 18세기에 칼 빌헬름 셸레Carl Wilhelm Scheele와 조셉 프리스틀리Joseph Priestly는 거의 동시에 산소를 발견했습니다.[2]

19세기 열역학 제1법칙은 저메인 헤스Germain Hess, 율리우스 로베르트 폰 마이어Julius Robert von Mayer, 제임스 줄James Joule 등에 의해 이론화되었습니다.[3] 우주가 초기 위치로부터 멀어지고 있음을 암시하는 빅뱅 이론은 알렉산더 프리드먼Alexander Friedman과 조르주 르메트르Georges Lemaître에 의해 독립적으로 개발되었습니다.[4]

이러한 '다중 발견'을 조사하는 데 조금만 시간을 쓰면, 전 세계적으로 아무런 연관성도 없이 얼마나 많은 발견이 동시에 이루어졌는지 알 수 있습니다. 이것이 정말 우연일까요? 우리 인류가 접근할 수 있는 일종의 집단 기억 같은 것이 있는 것은 아닐까요?

이런 현상은 생물들이 어떻게 학습하고, 직접적인 상호작용 없이 그 학습 내용을 서로에게 그리고 다음 세대에게 어떻게 전달하는지 탐구하는 과학 연구의 한 주제입니다. 1920년 하버드대학의 한 연구자는 물의 미로를 이용하여 22세대에 걸친 쥐들을 대상으로 실험을 진행했습니다.

그 결과 미로를 이미 경험한 들쥐들과 그들과 관련된 쥐들, 심지어 학습 속도가 느린 쥐들도 미로를 경험하지 않은 친척들보다 거의 10배나 빨리 해결책을 찾는다는 것을 알아냈습니다. 이 실험은 나중에 스코틀랜드와 호주에서도 재현되었습니다.[5]

이 연구는 개미의 이동 경로에서부터 어류 집단의 움직임에 이르기까지, 생물학적 시스템이 자체적으로 조직화되어 있을 수 있음을 시사합니다. 즉 외부 조직자organizer의 도움 없이도 무작위적이지 않은 방식으로 스스로를 배열할 수 있는 능력이 있다는 의미입니다. 이 연구 분야는 여전히 수백만 생명체들이 동시에 보이는 행동으로부터 이러한 복잡한 시스템이 어떻게 발생하는지에 대한 열린 질문들에 직면해 있지만, 확실하게 존재하는 몇 가지는 있습니다.[6]

환원주의reductionism 대 창발론emergence과 같은 일반적인 설명 외에도,[7] 루퍼트 셸드레이크의 '형태 공명morphic resonance' 이론은 자기 조직화 시스템을 구성하는 참가자 각자가 소유한 집단 기억에서 비롯된다고 제안합니다. 그의 연구에 따르면, 어떤 행동이 충분히 자주 반복될 때 그것은 공간과 시간을 통해 '형태 공명'을 생성하는 이른바 '형태 발생장morphogenetic field'을 만듭니다.[8]

셸드레이크Sheldrake는 이러한 능력을 가지고 있다고 추정되는 시스템에는 분자, 결정, 세포, 식물, 동물, 그리고 동물 사회 등이 포함된다고 합니다.

비록 이단이라고 비판받기도 하지만, 케임브리지대학에서 시작해서 영국학술원 회원이 된 셸드레이크의 견해를 쉽게 무시할 수는 없습니다. 그의 주장은 기억이 자연에 내재되어 있다는 사실에 기반하는데, 다양한 과학 분야에서 자연에 내재된 기억을 보여주는 현상이 발견되고 있습니다.

예를 들어, 생물학과 양자과학 분야는 철새처럼 동기화된 synchronized 행동을 보이는 생물학적 시스템이 어떻게 양자 원리의 대상이 될 수 있는지를 설명하기 위해 공동작업을 하고 있습니다.[9] 또한 다른 연구자들은 얽힘과 중첩과 같은 양자 과정quantum processes이 어떻게 자연에서 발견되는 행동을 지배하는지 조사하고 있습니다.[10]

그리고 양자역학이 인간의 뇌 과정brain's processes에도 존재하는 것이 아닌가 하는 의심이 점점 더 짙어지고 있습니다.[11] 인간의 뇌 과정에도 양자역학이 존재한다면, 무수히 많은 이질적인 패턴들이 동시에 존재할 수 있게 된다는 말이 됩니다. 관찰자 효과가 인간에게 어떤 작용을 하든지, 그 효과에 의해 출현하는 단일 패턴은 그 사람에게 일어나서 의식으로 파악되는 어떤 생각일 것입니다.[12]

이 이론은 신체적 뇌의 크기가 반드시 사고의 질을 결정하지는 않는다는 것을 시사합니다. 셸드레이크도 인간의 뇌가 일종의 안테나 역할을 함으로써 육신의 뇌에 의존하지 않는 영역을 처리하는 것일 수도 있다고 이론화했습니다. 이 이론을 뒷받침하는 것은 정상적인 뇌의 25퍼센트만 가지고 태어났거나 뇌 일부를 제거하는 수술을 받은 사람들입니다. 매우 적은 양의 뇌를 소유한 사람들 대부분이 평균적인 지능지수를 가지고 정상적인 삶을 살았다고 합니다.[13] 의식이 양자일 수 있고 따라서 비국소적일 수 있음을 다시 한번 시사하는 사례입니다. 비국소적이란 의미는 의식이 생물학 기반의 유기체에 한정되지 않을 뿐만 아니라 물리적 세계 밖 어딘가에 존재할 수도 있다는 뜻입니다.

만약 우리의 뇌가 양자장quantum field으로부터 에너지 패턴을 생성하면서 우리를 둘러싸고 있는 생각의 장field of thoughts에 대한 안테나 역할을 한다면, 우리는 때를 가리지 않고 거의 모든 생각을 할 수 있을 겁니다.

나는 이 책을 쓰면서 이 접근법을 사용했습니다. 내가 살아온 인생의 특이한 경험들에 대해 가능한 한 다양한 설명을 탐구하면서, 물리학, 양자물리학, 생물학, 뇌과학 등 내가 공식적으로 훈련받지 않았지만 이미 익숙하다고 상상했던 분야들의 깊은 곳에서 연구의 단서를 찾고 추적했습니다.

열린 질문에 대한 대답은 내가 전혀 예상하지 못했던 때에 저절로 떠오르는 듯했습니다. 어떤 의미에서 이 책은 비과학자인 내가 아직 탐구하지 못한 과학에 대한 생각을 탐구하는 것입니다. 물론, 상당한 주의를 기울였음을 밝혀둡니다. 이 책에 포함된 자료는 모두가 주류 과학자에 의해 검토된 것이고 과학적으로 타당하다는 평가를 받은 것입니다.

집중된 지각 상태에 들어갈 때, 우리는 흔히 기억을 담당하는 뇌의 부분인 해마와 관련된 세타파(여러 뇌파 중에서 유독 세타 뇌파입니다)를 생성합니다. 아마도 집중된 지각 상태는 집단 기억에의 접근 능력을 강화할 것입니다. 정체된 느낌이 들거나 시간을 낭비하고 있다고 느낄 때, 그리고 긴급히 통찰력이 필요할 때, 이 간단하지만 강력한 연습을 활용해보세요.[14]

나는 완전히 현존하는 것을 방해받거나, 내가 원하는 행동을 가로막는 어떤 생각이나 느낌 때문에 마비되는 것을 느낄 때마다 이 기법을 사용하곤 합니다. 나를 마비시키는 듯한 생각과 감정들은 나의 시간 경험 방식에 영향을 미칠 뿐 아니라, 결국은 시간을 낭비하는 결과를 초래하고 있음을 압니다. 그리고 내가 집중된 지각 상태로 되돌아갈 때까지, 시간은 나의 우군이 아니라 적입니다.

연습: 필요할 때 바로 통찰 얻기

방해받지 않고 시간에 쫓기지 않는 곳을 찾아 편안하게 앉으세요. 꼭 그래야 하는 것은 아니지만 혼자 있는 것이 가장 좋습니다. 눈을 감고 있는 것이 가장 좋고, 어둠 속에 있는 것이 더 좋습니다. 그러나 어떤 것도 필수적인 것은 아닙니다. 이 조건들은 단지 당신 뇌의 수용성을 최적화하기 위한 것이니까요.

6장의 '집중된 지각 상태 만들기'를 실행해서 스스로를 명상 상태에 들어가게 합니다. 그런 다음, '나 자신은 이것에 대해 무엇을 알고 있는가?'라고 자문하세요. 예를 들면 다음과 같습니다. '내가 왜 동생에게 전화하는 것(또는 병원 가는 것, 혹은 급여 인상을 요구하는 것)을 자꾸 미루는지에 대해 나 자신은 무엇을 알고 있는가?'

원하는 만큼 조용히 앉아 있습니다. 언제라도 당신은 머릿속에 떠오르는 어떤 종류의 답을 얻게 될 것입니다. 즉시 답을 얻지 못할까 봐 걱정하지는 마세요. 어떤 생각, 아이디어, 이미지, 혹은 대답이 떠오르면, 예컨대 '나는 동생이 나를 비난할까 봐 두렵다'와 같은 답이 오면, 그것을 기억하세요.

질문을 반복하고, 이번에는 같은 질문에 답을 집어넣어서 다시 자문합니다. '동생이 나를 비난할까 봐 두려워하는 이유에 대해 나 자신은 무엇을 알고 있는가?' 새로운 생각이나 답을 기다리고, 같은 질문에 다시 그 생각이나 대답을 넣습니다.

질문을 시작했을 때보다 더 많은 정보를 얻었다고 느낄 때까지 이 일련의 질문과 대답을 반복합니다.

텔레파시

마음에서 마음으로 전달하기

미국 하버드 의과대학이 중심이 되어 진행한 최근 실험에서, 인도에 있는 한 사람은 '뇌 간 의사소통'만을 이용해 '올라hola'와 '차오ciao'라는 단어를 프랑스에 있는 세 사람에게 전달할 수 있었습니다. '뇌 간 의사소통brain-to-brain communication'이란 단어를 말하거나 문자 메시지를 보내거나 타이핑하는 일 없이, 오로지 개인의 뇌에서만 그 단어가 출현했다는 것을 의미합니다. 연구자들은 이것이 더 많은 연구에 영감을 주고, 언젠가는 말을 할 수 없는 사람들에게 새로운 형태의 의사소통 수단을 제공하게 되기를 희망했습니다.[1]

이 실험은 텔레파시가 실재한다는 것을 의미할까요? 수많은 연구들이 텔레파시의 실재를 시사합니다.[2] 워싱턴대학이 수행한 실험 중 하나는 한 연구원의 뇌 신호를 캠퍼스의 다른 쪽에 있는 연구원에게 보내서, 신호를 받은 연구원의 손가락이 키보드를 향해 움직이게 만드는 것이었습니다.[3]

최초의 '인간뇌 대 인간뇌 인터페이스'로 묘사되는 연구원들은 전기 활동을 기록하는 뇌전도 기계에 연결되었습니다. 그들은 전극이 달린 모자를 썼으며, 연구원 중 한 명의 모자에 달린 전극은 그 연구원의 손 움직임을 통제하는 뇌 영역의 위치 바로 위에 부착되었습니다.

두 개의 캠퍼스 실험실이 협력하여 작업하는 동안, 그들 사이에는 어떠한 통신도 없었습니다. 그런 다음, 연구원 중 한 명이 상상의 비디오 게임을 시작했습니다. 실제로 손을 움직이지 않으면서, 대포를 '발사'하기 위해 오른손을 움직여 스페이스 바를 치는 것을 상상한 것입니다. 그와 동시에 캠퍼스를 가로질러 다른 연구원의 오른손 검지가 무의식적으로 움직였습니다. 비록 이 실험은 일방적인 의사소통이 었지만, 연구자들은 두 개의 뇌 사이에 일어나는 직접적인 양방향 대화를 증명하기 위해 애쓰고 있습니다.

뇌 사이의 의사소통은 인간에게만 국한되는 것이 아닌 듯합니다. 1960년대 미국 중앙정보국CIA은 최초의 거짓말 탐지기 부대를 만들고자 했습니다. 당시 클리브 백스터Cleve Backster는 최고로 인정받는 심문 기술자였습니다. 거짓말 탐지기는 갈바노미터라고 불리는 도구를 써서 감정적 스트레스의 결과로 나타나는 대상자의 피부 전기 저항 변화를 측정하는 것입니다. 이후 백스터의 관심은 인간에서 식물과 동물로 옮겨갔습니다. 그 시작은 백스터가 우연히 화분에 있는 식물에 거짓말 탐지기를 연결해 본 것이었습니다.

백스터는 식물과 다른 생명체들이 인간과의 사이에 어떠한 물리적 접촉 없이도 갈바닉 피부 반응 과정을 통해 인간의 생각과 감정을 감지하고 반응할 수 있다는 사실을 알아냈습니다. 이 연구는 후일 피터 톰킨스Peter Tompkins와 크리스토퍼 버드Christopher Bird에 의해 확대되었고, 1973년 『식물의 정신세계The Secret Life of Plants』라는 책으로 출간되었습니다.[4]

이런 현상은 양자역학과 생물학의 교차점에서 다시 찾아볼 수 있습니다. 1부에서 설명했듯이, 아무도 우리의 거시적인 세계에서 양자 과정을 본 적이 없지만, 과학자들은 양자 세계의 영향이 얼마나 광범위한지 그리고 그 영향이 생물에 명확하게 미칠 만큼 충분히 확장되는 것인지 점점 더 궁금해하고 있습니다.

최근 연구자들은 생물학적 물질(세균의 형태)이 에너지 입자(광자의 형태)와 성공적으로 얽혔다고 보고했습니다. 양자이론이 물리적인 것으로 전환되리라는 것은 의문의 여지가 없고, 다만 시간문제일 뿐이라는 더 많은 증거를 제공한 것입니다.[5]

다른 연구자들은 여전히 무생물체에 있는 거시적 입자에 대한 양자 얽힘을 보여주려 시도하고 있습니다. 가장 고전적인 예는 1960년대의 벨 테스트Bell test입니다. 이는 물리적인 것들에 양자 얽힘이 일어난다는 사실을 확인해준 실험으로서 수십 년 동안 인용되어왔습니다.[6]

최근 연구자들은 100명의 지원자에게 벨 테스트를 다시 수행하기로 했습니다. 뇌 활동을 읽는 헤드셋을 착용한 지원자들은 100킬로미터 떨어진 곳에 있는 난수 발생기가 산출하는 결과에 영향을 줄 것을 지시받았습니다. 아직 확실한 결과가 나오지는 않았지만, 자원자들이 난수 발생기에 영향을 미칠 수 있다는 사실이 확인된다면 입자들이 거시적인 세계에서 의미 있는 양자 행동을 보인다는 것을 증명하는 데 큰 도움이 될 것입니다.[7] 어쨌거나 이런 가능성은 우리가 세상의 작동 방식에 대한 틀에 박힌 생각에서 벗어나도록 양자이론이 우리를 얼마나 몰아붙이는지 명확히 보여줍니다.

뇌과학 연구자들은 우리 눈앞에 다른 사람들이 있을 때 우리의 뇌는 자동으로 그 사람들의 의도와 감정을 파악하도록 설정돼 있어서, 일종의 배선 연결이 이뤄진다고 믿습니다.[8] 그러나 어느 정도 떨어진 거리에서 연결되려면, 그 배선이 무엇이든 한 사람이 다른 사람과 동일한 '주파수'로 맞출 수 있어야 합니다. 연구자들은 대뇌 변연계limbic system가 이 배선의 일부일 수 있다고 생각합니다.[9]

대뇌 변연계는 감정 자극의 결과로 방출되는 화학물질을 조절함으로써 감정은 물론 기억에도 관여합니다. 변연계에서 확인되는 뇌파 주파수는 세타입니다. 세타 뇌파는 직관 및 변성의식 상태와 관련 있기 때문에, 대뇌 변연계가 다른 사람과 연결되는 배선의 일부라는 생각은 꽤 그럴듯합니다.

나는 일하는 동안 다른 사람들에게 자주 생각을 보냅니다. 최근 회계 전문가인 친구에게 매우 시급하게 재정 문제에 대해 자문을 받아야 할 일이 있었습니다. 나는 그에게 전화를 거는 대신 집중된 지각을 이용해서 책상에서 휴식을 취했습니다. 그러고 나서 뉴욕에 사는 친구 리치Rich가 바로 내 앞에 있다고 상상했습니다. 나는 그에게 '전화해줘'라는 말을 보내는 데 집중했습니다. 간단한 단어나 이미지를 보내는 것이 가장 효과적이기 때문입니다.

마감 시간이 막 지났을 때 전화를 걸었더니 그는 벨이 울리자마자 전화를 받았습니다. 내가 "안녕?"이라고 말을 건네자 그는 "안 그래도 전화하려 했었는데"라고 말했습니다. 한 친구와는 교대로 메시지를 주고받기까지 했지만, 그 메시지들은 음성이나 글로 표현된 것이 아니어서 다른 사람들은 절대 알 수 없습니다. 당신도 사람들이나 반려동물에게 사념으로 메시지를 보내보세요. 그러면 친구들과 당신이 얼마나 강하게 정신적으로 연결돼 있는지 알고 놀랄지도 모르겠습니다.

연습: 마음에서 마음으로 전달하기

6장의 '집중된 지각 상태 만들기'를 실행해서, 자신을 고요한 명상 상태로 만드는 것으로 시작합니다. 전화가 와서 연락하려는 사람의 목소리를 듣게 되는 상황이나, 기다리던 메일이 와 있는 것을 확인하는 장면처럼, 당신이 메시지를 보낸 결과로 경험하고자 하는 장면을 생생하게 떠올립니다.

우선 메시지 받을 사람을 시각화합니다. 메시지를 수신할 사람이 멀리 떨어져 있는 경우에는 시각화 전에 그 사람의 사진을 보는 것이 도움이 될 수 있습니다. 그 사람과 직접 만나서 대화할 때 당신이 느끼는 감정을 마음속에 떠올리세요. 마치 그 사람이 실제로 당신 앞에 있는 것처럼 느껴봅니다. 이런 감정에 집중하면서 당신이 다른 사람과의 연결을 만들고 있다고 믿습니다.

듣고 싶거나 읽고 싶은 하나의 이미지 또는 단어에 초점을 맞춥니다. 가능한 한 상세하게 시각화하고 오직 그것에만 마음을 집중하세요. 그것이 어떻게 보이는지, 그것을 만지면 어떤지, 그리고/또는 그것이 당신에게 어떤 느낌을 주는지에 집중하세요.

명확한 정신적 이미지를 형성한 후, 당신의 마음에서 수신자의 마음으로 이동하는 단어나 사물을 상상함으로써 당신의 메시지를 그 사람에게 전달합니다. 수신할 사람과 얼굴을 마주하고 만나고 있는 당신을 상상하면서, 그에게 "고양이(뭐라도 좋습니다)"처럼 전달하고자 하는 생각을 말로 표현하세요. 마음의 눈을 통해 수신자의 얼굴에서 당신이 말하는 것을 이해하고 실감할 때 떠오르는 표정을 봅니다.

이제 당신이 원하는 일이 모든 가능한 방식으로 완전히 일어났음을 인식합니다. 더 이상 할 일이 없다는 안도감을 느껴보세요. 당신이 하고 싶었던 일은 이제 완전히 끝났습니다. 모든 것이 완료됐다는 감각이 밀려와서, 마치 거대한 호수에 뛰어드는 것처럼 당신의 몸속으로 점점 더 깊이 퍼져가게 합니다.

끝내고 싶으면 멈추고 눈을 뜨세요. 그러면 명상 상태에서 벗어나 뇌파가 베타로 이동하면서, 생생한 장면에 대해 생각하는 일을 멈추게 됩니다.

13

초시각 Supersight
무엇이 가장 중요한지 즉각 검증하기

플로리다에 사는 동안, 허리케인 때문에 여러 번 대피해야 했습니다. 한번은 지역사회에 미치는 피해가 매우 컸고, 내가 사는 집은 심각한 홍수 지역에 있었습니다. 강제 대피 명령이 발동됐고 짐을 다 챙길 여유도 없었습니다.

대피하는 동안, 나는 상상이란 도구를 사용하여 모든 것이 안전하고 건조한 상태인 것을 '보았습니다'(7장을 참조하세요). 나는 뉴스에 보도되는 끔찍한 사진은 눈여겨보지 않았습니다. 그 대신 손상되지 않은 집의 이미지에만 초점을 맞추었습니다. 또한 집안의 가구나 인테리어가 무사한지 확인하기 위해 '원격투시RV: Remote Viewing' 기법도

164

사용했습니다.

온갖 역경을 견딘 끝에 나는 안전하게 돌아왔고, 손상되지 않은 집으로 들어갈 수 있었습니다. 이웃집들은 물에 잠겼지만, 웬일인지 우리 집은 피해를 비껴갔습니다. 유일하고 명백한 피해라면 바닷물이 집 외벽까지 밀려와 마당이 침수된 것이었습니다. 물론 바닷물이 집 안으로 들어가지는 않았고요. 온전한 상태인 집을 '보는' 것이 위로가 되었든, 더 큰 의미가 있든 간에 내게 이런 경험은 특별한 것도 아니고 새로운 것도 아닙니다.

사람들 대부분은 도움이 필요한 친구의 갑작스러운 이미지를 보거나 어떻게든 우연한 만남이 일어나리라는 것을 미리 알게 되는 경험을 합니다. 인간은 제2의 시각, 초감각적 시각, 또는 원격투시라고 불리는 이런 종류의 사건을 수천 년 동안 경험해 왔습니다. 원격투시는 인간이 보통의 방식으로는 보기 불가능한, 물리적으로 분리되어 멀리 떨어진 물체와 장소를 보는 것을 말합니다. 스탠포드연구소SRI: Stanford Research Institute 연구원들에 따르면, 원격투시는 매우 현실적입니다.

1970년대 중반, 미국 CIA는 목표물을 원격으로 볼 수 있는 능력을 개발하기 위해 SRI 연구원 러셀 타그Russell Targ를 고용했습니다.[1] CIA는 약 10년에 걸친 원격 투시자의 양성을 통해, 그들이 국가적 이익과 관련된 사람과 장소를 원격으로 볼 수 있는지 여부를 확인하려고 했

습니다.[2]

하나의 사례는 이란 인질 사태 당시의 원격투시자 케이트 '블루' 하라리Keith 'Blue' Harary입니다. 하라리는 SRI에 근무하라는 요구를 받았는데, 그는 이란 무장단체에 인질로 잡힌 리차드 퀸Richard Queen을 확인한 것처럼 보였습니다. 퀸은 다발성 경화증으로 몹시 고통스러워했는데, 하라리가 원격투시로 이 모습을 볼 수 있었다는 겁니다.

이란인들은 퀸이 억류 상태에서 사망하는 것을 원치 않았기에 퀸을 석방했고, 석방된 퀸을 진료한 미국 의료팀은 하라리가 보고한 것이 맞다고 확인해주었습니다. 나중에 그 이야기를 전해 들은 퀸은 이란인 납치범 중 한 명이 미국 스파이였을 거라고 생각해 화를 냈다고 했습니다. 그렇지 않고서야 미국이 어떻게 자신의 존재를 알았느냐는 것입니다.[3]

우리는 감각기관을 통해 인식할 수 있는 한계를 넘는 정보에 접근할 수 있을까요? 물리학과 같은 학문이 그것을 설명할 수 있을 듯하지만, 그 질문에 대한 답은 여전히 모호한 채로 남아 있습니다. 아인슈타인이 '멀리서 일어나는 유령 같은 작용spooky action at a distance'이라고 흥미롭게 표현한 '양자 얽힘' 현상은, 멀리 떨어져 있어도 얽혀 있는 것처럼 순간적으로 서로에게 영향을 미치는 듯 보이는 입자들을 언급한 것입니다.

'비국소적 의식'이라는 생각은 인간의 마음이 어떻게든 물리학의

166

고전적 법칙을 벗어나 작동할 수 있고, 양자물리학 법칙의 대상이 될 수 있음을 시사합니다. 아인슈타인은 일생 '멀리서 일어나는 유령 같은 작용'을 무시했지만, 이제 물리학자들은 더 멀리 떨어져 있는 비국소적인 힘에 의해 영향을 받는 물체를 검증 가능한 방식으로 관찰합니다.

얼마나 먼 거리까지 양자 얽힘이 가능한 걸까요? 최근 실험이 보여준 것은 지구로부터 지구 밖 우주에 있는 위성까지의 거리였습니다. 얼마나 더 먼 거리에서 가능할지는 아직 아무도 모릅니다.[4]

과학자들이 관찰한 수십만 개의 원격 관찰 실험이 양자 얽힘의 증거가 될 수 있을까요? 이 흥미로운 생각으로부터 원격투시, 생각 수신(11장), 생각 보내기(12장)와 같은 현상이 양자이론으로 설명될 수 있다고 추정하는 연구 분야가 생겼습니다. 바로 '양자 의식quantum consciousness'입니다. 더 많은 연구가 진행됨에 따라, 우리는 초월적이라고 생각되는 경험이 실제로 존재하고 과학에 의해 설명될 수 있다는 사실을 알게 될 것입니다.

지금까지 읽은 내용을 종합하면 원격투시의 작동 방식을 설명할 수 있습니다. 양자 얽힘이 가능하다면, 당신 잠재의식의 일부 측면은 당신이 원격으로 보고 싶은 것(표적)에 대한 정보를 이미 알고 있는 것입니다. 그리고 당신의 잠재의식에서 오는 정보는 당신의 의식에 의해 해석될 수 있고요. 집중적인 지각을 연습하고 직관과 변성의식 상태와 관련된 세타파를 생성함으로써, 당신은 그 지식을 당신의 의식적인 마음에 전달하는 방법을 배우고 있는 중일 수도 있습니다. 하지만 그것은 눈앞에서 선명한 그림을 얻는 것과 같은 식으로 일어나는 일이 아닙니다. 그보다는 미묘한 감각과 느낌을 통해 일어나고, 투시자는 그 미묘한 느낌을 해석하는 것이라고 합니다.

참고로, 원격투시를 긍정적이고 생산적인 방법으로 사용하기 위해 스파이가 될 필요는 없습니다. 내 친구 칼리Carly는 잃어버린 반려동물을 찾아주는 데 이 방법을 사용합니다. 나는 대개 잃어버린 열쇠나 안경을 찾을 때 원격투시를 사용합니다. 물론 어떤 도구도 선하게 사용될 수 있는 그만큼 부적절하게 사용될 수도 있습니다. 이제 나는 누구나 원격투시로 놀라운 결과를 얻을 수 있다고 믿게 되었습니다. 다음 연습을 통해 당신도 직접 경험하길 바랍니다.

연습: 무엇이 가장 중요한지 즉각 검증하기

이 연습엔 준비물이 필요합니다. 우선 친구나 가족에게 잡지에서 오려내거나 인터넷에서 다운로드할 사진을 5개에서 7개 선택해 달라고 부탁하세요. 사진은 에펠탑, 그랜드 캐니언 또는 맨해튼 등 상징적이고 널리 알려진 실제 세계의 장소를 찍은 것이어야 합니다. 이것들이 당신의 '표적'이 될 예정입니다. 친구에게 밀폐된 상자나 봉투에 사진 겉면이 아래로 가게 쌓아 올리도록 하세요.

시작할 준비가 되면, 당신의 느낌을 적을 종이와 필기구를 옆에 두세요. 그런 다음 '집중된 지각 상태 만들기'를 실행해서 당신의 몸을 최대한 깊이 이완합니다.

만약 당신이 집 안에 있다면 집 밖에 있는 것을 상상하고, 거실에 있다면 침실에 있는 것을 상상하는 식으로, 당신이 다른 환경에 있는 것이 어떤 느낌일지 상상하기 시작합니다. 충분히 이완하면 할수록 당신은 다른 곳에 있다는 느낌에 더 집중할 수 있습니다.

이제 당신이 사진이 담긴 상자나 봉투 안에 있다고 상상합니다. 마음으로 첫 번째 사진을 넘깁니다. 당신이 보고 있는 것에 대해 기본적인 인상만 받으면 됩니다. 그 사진의 내용 중 가장 인상적인 이미지에 주의를 기울입니다. 그것은 자연물인가요, 아니면 인공물인가요? 육지에 있나요, 아니면 바다나 강에 있나요? 맨 처음 보이는 것을 적으세요.

이제 표적을 스케치합니다. 시간을 충분히 들여 당신이 보는 대상의 색깔과 모양을 살펴보세요. 다음, 당신이 표적의 몇 피트 위를 떠다닌다고 상상합니다. 위에서 본 표적에 대한 당신의 인상을 종이에 기록하세요.

당신이 본 모든 것에 대해 간략하게 요약함으로써 첫 번째 표적을 대상으로 한 연습을 완료합니다. 아무것도 판단하지 않는 상태에서 가능한 한 자세하게 당신에게 전해지는 정보를 적습니다. 냄새, 색깔, 맛 또는 온도와 같은 감각 정보를 반드시 포함해야 합니다. 당신은 흐 릿한 모양과 패턴을 볼 수도 있습니다. 이런 것들은 '차원에 관련된 것'이라 불립니다.

그리고 대상에 대해 감정적인 반응을 느끼는지 확인해보고 기록합 니다. 이제 사진 더미에서 첫 번째 사진을 빼서 당신이 받았던 인상과 비교하세요.

사진 더미에 있는 각각의 사진을 대상으로 이 과정을 반복합니다. 이 연습을 실행한 후, 사진 속의 내용과 연결되지 않았더라도 실망하 지 마세요. 원격투시의 목표 중 하나는 대상뿐만 아니라 자신에 대해 서 배우는 것입니다. 원격투시는 시간을 들여 연마하면 대성할 수 있 는 능력이고, 자신에게 가장 중요한 것에 활용할 수 있습니다.

14

사랑

형이상학적 중력 활용하기

　어느 날 저녁, 우리 부부는 외식을 하고 픽업 트럭을 운전해 집으로 돌아가고 있었습니다. 신호등 앞에 멈춰서 신호를 기다리고 있는데, 갑자기 눈앞에 스포츠카 한 대가 나타났고 그 차가 자전거 탄 사람을 치는 끔찍한 광경을 보았습니다. 과속하던 차는 10여 미터를 진행한 다음, 자전거 운전자가 차 밑에 깔린 채로 멈추었습니다.

　남편은 트럭에서 내려 스포츠카의 운전자가 심하게 다친 자전거 운전자를 끌어낼 수 있도록 차의 앞부분을 들어 올렸습니다. 예전에 잠깐 역도 선수였던 적이 있지만, 지금까지도 남편은 어떻게 그럴 수 있었는지 이해가 안 된다며 이렇게 말합니다.

"지금 다시 해보라고 하면 절대 못 하지."

역도의 데드리프팅 세계 기록은 약 1,100파운드(=500킬로그램)이고, 스포츠카의 무게는 3천 파운드입니다. 남편은 생면부지인 사람의 생명을 구하기 위해 총 3,000파운드의 차 무게 중 1,500파운드 정도를 들어 올릴 수 있는 능력을 즉시 소환했던 겁니다.[1]

극도로 위험한 순간 남편은 본인도 의식 못 하는 중에 놀라운 힘을 발휘했습니다. 연구자들은 이러한 상태에 대해 '히스테리적'이라거나 '초인적'이라고 부르면서, 생명을 위협당하는 상황에서 신체가 방출하는 아드레날린이 그 같은 능력의 원천이라고 주장합니다. 하지만 생체역학 연구에 따르면, 아드레날린은 결코 평범한 사람을 슈퍼맨으로 만들 만큼 강력하고 엉뚱한 호르몬은 못 되는 것 같습니다.[2]

또 다른 이론도 있습니다. 자전거 운전자의 생명을 구해야 할 긴급한 필요성을 느낀 사람처럼, 우리가 다른 누군가를 위한 영웅적 행동을 할 때 그것을 방해하는 두려움과 신체적 불편함을 초월한다는 것입니다.

2014년 메브 케플레지Meb Keflezighi는 보스턴 마라톤 대회에서 우승했습니다. 그는 자신이 승리한 원동력은 바로 1년 전 같은 마라톤 대회에서 발생한 테러 공격의 희생자들을 기리고자 하는 강렬한 열망이라고 말했습니다.[3]

실제로 다양한 업종, 수십만 명의 근로자를 대상으로 한 연구에서,

참가자가 하는 일이 다른 사람에게 긍정적인 영향을 미칠 때 동기부여와 과업 수행 능력이 모두 향상되어 자기 초월감이 생겨나는 것으로 밝혀졌습니다.[4]

이러한 자기 초월감을 경험하는 사람들의 집중된 지각은 세타나 감마 같은 명상적인 뇌파 상태로 나타날 가능성이 높습니다. 자신이 하는 일이 다른 사람들에게 긍정적인 영향을 미친다는 느낌과 강렬한 열망은 시간 낭비를 줄이고 더 효율적인 성과를 내는 것을 의미했습니다. 하지만 그게 전부일까요?

20세기 미래학자 리처드 버크민스터 풀러Richard Buckminster Fuller는 그 이상의 것이 있다고 믿었습니다. 즉 '사랑은 형이상학적 중력'이라고 주장한 것입니다.[5]

이 믿음은 분명 그가 우주를 지배하는 원리를 탐구하는 동안 형성된 것으로 보입니다. 그가 이러한 원리를 규명하기 위해서는 물리학과 자연의 법칙들이 하나의 보편적인 과정, 즉 '모든 것에 대한 이론'에 기초해야 할 것입니다. 풀러의 주장에 따르면 아이디어, 느낌, 꿈 그리고 감정의 형태로 우리 뇌를 통해 흐르는 지속적인 에너지는 전자기와 매우 유사합니다. 그리고 사랑은 우주를 조립하는 힘으로서 중력과 아주 비슷하고요.

'양자 인지'라고 불리는 새로운 이론은 풀러의 생각을 뒷받침하며, 우리의 뇌에서 생각, 감정, 욕망을 만들어내는 것은 무엇이든 양자이론에 기초할 것이라는 점을 시사합니다. 이 이론은 신경과학과 심리학을 결합하여, 의식은 컴퓨터가 아니라 일종의 양자 기반 우주라고 주장합니다. 양자에 기반을 둔 이 우주는 파동-입자 이중성과 양자 중첩을 포함하여 양자역학에서 일상적인 모호성과 역설을 허용합니다.[6]

그리하여 우리가 어떤 양자 과정하에서, 슈뢰딩거의 고양이처럼 그것들이 해결될 때까지 우리의 뇌에 서로 경합하는 생각, 느낌, 감정들을 간직할 수 있다는 것입니다. 이것은 풀러가 주장하는 이론의 절반입니다. 나머지 절반인 '사랑은 중력'이라는 것은 물리학자들조차 얽히고설킨 아원자 입자들과 놀랄 만한 유사성을 가지고 있다고 지적하는 바입니다.

사랑은 신비롭고 불가사의한 방식으로 사람을 연결합니다. 또한 사랑은 양자 얽힘과 매우 비슷합니다. 입자들은 아주 멀리 떨어져 있을 때조차도 서로 밀접하게 연결될 수 있습니다. 근래 들어 연구자들은 얽힘이 중력과 양자 세계 사이의 연결고리가 될 수 있는지를 연구하고 있습니다.[7]

이 가운데 어느 것도 사랑이 양자 중력이라는 사실을 증명하지는 못합니다. 그렇긴 해도, 나를 비롯한 많은 이들이 사랑하는 사람들과 관련된 불가해한 사건들을 경험합니다.[8]

2008년 대공황 직후에 제 친구는 맨해튼에 있는 집에 재융자를 받아야 했습니다. 대출금 상환액을 줄여야 할 처지에 있던 그였지만,

당시 주식시장 붕괴의 결과로 금리는 지금보다 훨씬 높았습니다. 나는 매일 친구를 위해 똑같은 것을 상상했습니다. 우리가 함께 테이블에 앉아 있고, 새로운 저당권 증서에 서명하려는 친구에게 나의 몽블랑 펜을 건네주는 장면입니다. 나는 마음속으로 수백만 달러를 빌려줄 대출자가 나타나길 바라며 1년 내내 매일 이 장면을 상상했습니다. 그러던 중 2010년 모두가 거절하는 대출을 해주겠다는 대출자를 만날 수 있었습니다. 2011년 4월, 나는 상상했던 회의 테이블에 앉아 친구에게 펜을 건넸습니다. 대출 담당자는 "어떻게 이 대출이 이루어졌을까요?"라고 말했습니다. 나는 친구에게 미소를 지어 보이며, 테이블 너머의 담당자에게 이렇게 말했습니다.

"글쎄요, 전혀 모르겠네요."

나는 누군가를 돕고자 하는 강렬한 열망이 그러지 않았다면 훨씬 더 오래 걸리거나 전혀 일어나지 않았을 놀라운 결과에 관여했음을 알았습니다. 어떤 의미로는 나의 애정이 친구의 타임라인을 바꾸어 놓았던 것입니다.

사람들이 '매니페스팅(끌어당김의 법칙)'이라고 부르는 것을 다룬 책이 많습니다. 하지만 나는 현실을 '표현'하는 가장 강력한 방법은 진정한 사랑으로 다른 사람을 위해 뭔가를 바라는 것임을 발견했습니다. 왜 가장 강력할까요? 다른 사람을 위해 뭔가를 원하면 생각이 아닌 감정이 생성되기 때문입니다.

다른 사람을 위해 뭔가를 간절하게 원할 때, 두려움으로 변하는 생각은 일어나지 않습니다. 우리는 그 사람이 원하는 것을 얻지 못할까 봐 두려워하지 않습니다. 그렇기에 애착이든 사랑이든 다른 사람에 대한 바람은 우리가 하고 싶은 일을 창조하는 데 매우 강력한 힘을 발휘합니다. 자녀들이 항해 실습에 늦지 않는 것과 같이 작은 것을 원하든, 수백만 달러의 대출을 받는 것처럼 좀 거창한 일을 원하든 마찬가지입니다.

이 경험은 자기 초월감을 불러일으키고 세타, 델타, 감마와 같은 뇌파가 존재하는 집중된 지각 상태를 만듭니다. 만약 사랑이 우주의 법칙 안에 존재할 수 있다면, 그리고 현실이 실제로 물리적인 동시에 지각적인 것이라면, 강렬한 사랑을 느낄 때 당신은 실제로 물질세계에 영향을 미치는 자기 초월의 뇌파 상태를 만드는 겁니다.

애착이나 사랑의 상태로부터 창조를 이뤄내기 원한다면, 당신은 '미래의 삶 미리 경험하기'(7장 참조) 연습을 통해 그날 일어나기 원하는 모든 경험을 당신 주연의 영화로 상영하면 됩니다. 여기서 핵심은 마음속에 있는 영화를 보듯이, 그 상황에 연연하지 않는 것입니다. 다시 말해 '보고 즉시 흘리기'입니다. 왜 연연하지 말라고 할까요? 만약 당신이 그것에 대해 곰곰이 생각하면, 당신의 뇌는 두려운 생각을 만들어내기 시작할 테니까요. 또한 당신의 감정이 만들어낼 수 있는 집중된 지각 상태를 무효화할 것이기 때문입니다.

당신은 '형이상학적 중력 활용하기'라는 연습을 활용할 수도 있습니다.[9] 이 방법은 유대교(카발라), 기독교(아빌라의 테레사 성인 같은 신비주의자들의 경우), 고대 이집트, 인도 등 세계의 주요 영적 문화권에서 수백 수천 년 동안 행해져 온 것입니다.

연습: 형이상학적 중력 활용하기

'집중된 지각 상태 만들기'를 실행하여 최대한 긴장을 풉니다. 긴장이 풀리고 이완된 후에는, 당신의 의식을 심장의 중심에 집중하고 그 상태를 유지합니다.

심장이 혈액을 펌프질할 때, 당신의 심장이 어떻게 생겼는지 상상하세요. 당신의 심장을 바로 앞에서 보고, 감지하고, 느낄 수 있을 때까지 집중을 계속합니다.

이제 당신 심장의 뒤쪽을 마주 볼 수 있게 심장 뒤쪽으로 이동합니다. 당신이 들어갈 수 있을 만큼 충분히 큰 심장의 주름이나 틈새를 찾아보세요. 그곳으로 더 가까이 이동하는 자신을 느껴봅니다. 이제 가장 편한 방법으로 심장의 주름이나 틈새로 들어갑니다.

갑자기 멈추게 될 때까지 자신이 낙하하고 있다고 느껴보세요. 이제 당신은 당신의 심장 안에 있는 작고 비밀스러운 방 안에 서 있습니다. 빛의 존재를 원한다면 빛을 봅니다. 당신 주위에서 무슨 일이 일어나고 있는지, 움직임과 소리를 감지하는 쪽으로 주의를 돌리세요.

사랑이나 감사의 느낌을 떠올리기 시작합니다. 배우자, 가족, 반려동물처럼 사랑하는 대상의 모습을 그려봄으로써 사랑과 감사의 감정을 온 마음으로 표현합니다.

원하는 직업을 얻거나, 병에서 회복하거나, 인생의 동반자를 찾는 등, 당신이 사랑하는 사람에게 일어났으면 하는 일을 생각합니다.

당신의 심장 중심에 의식의 초점을 맞춘 상태를 유지하면서, 눈을 감은 채로 심장 중심 부위를 내려다봅니다. 준비되었다고 느끼면, 눈을 뜹니다.

죽음

시간은 절대 바닥나지 않는다

　나의 어머니는 경제학자이자 심리치료사로서 과학적 사고방식을 갖고 계신 분이었습니다. 당연히 나보다는 영적인 설명에 덜 개방적이셨고요. 몇 년 전, 어머니가 지병으로 죽음에 가까워졌을 때, 우리는 죽음이 어떤 것인지에 대해 많은 이야기를 나눴습니다.

　나는 어머니에게 죽음은 육체로부터 자유로워지는 것이며, 육체 밖으로 나가는 것과 같다고 말씀드렸습니다. 육신에서 벗어나더라도 당신은 여전히 당신이라는 것을 알고 있으며, 당신이 죽은 후에도 여전히 방에 있을지도 모르고 심지어 전기를 조작할 수 있을지도 모르며, 원한다면 한바탕 쇼를 할 수도 있을 거라고 했습니다. 물론 어머니는 동의하지 않으셨습니다. 결국 나는 어머니께 이렇게 말했습니다.

"사실이 아니라면 그것에 대해 걱정하지 말아요. 하지만 그럴 수도 있다면, 그냥 그렇게 생각해봐요, 네?"

얼마 후 이른 아침, 어머니는 나와 의사인 남동생 부부, 그리고 여동생이 지켜보는 가운데 자택에서 돌아가셨습니다. 남동생이 사망을 선언한 후, 우리는 몇 시간 동안 어머니 곁에 있었습니다. 이윽고 우리는 어머니의 침실을 떠나 거실로 돌아가려 했습니다. 그런데 침실을 나서자마자 어머니의 침대 옆에 있는 라디오가 최대 음량으로 켜졌습니다.

"여기 며칠 동안 있었지만, 그 라디오는 한 번도 켜진 적이 없어."

남동생이 말했습니다.

다음날 아침, 어머니의 의료 경보용 목걸이가 센터 사무실로 신호를 보냈습니다. 그 목걸이는 어머니의 시신을 옮긴 후 잠가 놓은 방의 침대 머리맡에 있었던 겁니다. 슬며시 미소가 지어졌습니다. 몸에서 해방된 어머니가 정말로 우리에게 쇼를 보여주신 것인지도 모릅니다.

과학은 인간의 뇌에 생명을 불어넣는 그 무엇이 사후에도 계속된다는 것을 인정하지 않습니다. 연구에 따르면, 미국인의 4.2%가 근사체험NDE: Near-Death Experience을 했다고 합니다. 미국 인구 전체로 환산하면 약 1,500만 명이 사망 판정 이후에 의식과 비슷한 것을 경험했다는 얘기입니다.[1] 저를 포함한 사람들 대부분이 이러한 종류의 경험을 즉시 보고하지 않으며, 자신이 경험했다고 믿는 것을 밝히기까지 몇 년을 보내는 경우가 많기에 이 숫자는 훨씬 더 클 것이라 예측됩니다. 많은 사람들이 최소한 죽은 이의 존재를 느낀 사람들의 이야기를 들어보았거나 스스로 경험한 적이 있습니다.

이런 특별한 경험은 애도하는 마음에서 비롯되는 측면이라는 것이 통념이지만, 그 이상이 있을 수 있습니다. 죽음은 심장, 호흡기, 뇌에 의해 수행되는 기능을 포함한 필수적인 신체 기능의 불가역적인 중단으로 정의됩니다. 그러나 최근 연구자들은 죽은 다음 몇 시간이 지난 돼지의 뇌를 다시 활성화함으로써 그 정의에 의문을 제기했습니다. 연구자들은 혈류와 유사한 용액을 사용하여, 산소와 영양분이 가득한 뇌를 펌프질했습니다. 그들은 돼지의 원래 몸에서 분리된 채로 있었던 뇌세포가 정상적인 기능을 재개하여 뉴런이 전기 신호를 전달하는 것을 발견했습니다.[2]

죽음의 경험과 밀접한 관련이 있는 것이 '유체 이탈 경험OBE: out-of-body experiences'일 것입니다. 연구자들은 역사적으로 비주류 과학 fringe science으로 간주될 수 있는 것을 회피하는 경향이 있지만, 최근 이 현상은 엄청난 관심을 받고 있습니다.

사실, 설문 조사에 따르면 질문받는 사람 중 약 10%가 적어도 한 번은 OBE를 경험한 적이 있다고 답합니다. 그러나 OBE가 실제라는 (즉, 측정 가능하다는) 것을 증명하려면 누군가가 실험실 환경에서 OBE

를 경험해야 합니다. 그리고 그 일이 일어났습니다. 최근 캐나다 오타와대학University of Ottawa의 연구자들은 뇌 영상 장비에 연결된 사람이 '유체 이탈 경험'을 하는 동안 그 사람의 뇌를 분석할 수 있었습니다.[3]

유체 이탈 경험을 한 사람은 어린 시절부터 이 능력을 가지고 있었다고 주장했습니다. 연구원들은 OBE 중의 뇌를 관찰해, 자기 인식self-awareness을 담당한다고 추측되는 영역의 활동을 확인했습니다. 측두정 접합temporoparietal junction이라고 불리는 이 부분은 신체 내부뿐만 아니라 외부 감각으로부터 전해지는 정보를 수집하고 처리합니다.

뇌에 이상이 있는 사람들의 OBE 사례는 비교적 잘 기록돼 있지만, 건강한 사람들은 제대로 연구되지 않았습니다. 런던대학교UCL의 연구자들이 실험실 환경에서 OBE를 유도했다는 논문을 발표하는 등 연구가 계속되고 있습니다.[4]

주류 과학의 입장은 OBE가 자기 인식의 감각을 유발하는 방식으로 뇌가 속고 있을 뿐이라는 생각을 중심으로 전개되곤 합니다. 하지만 이 이론은 임상적인 사망 후에도 자신들이 여전히 그 방에 있었다는 것을 증명할 수 있는 사람들의 보고에 직면합니다. '실제적 지각veridical perception'이라고 불리는 이러한 유형의 보고서는 데이터가 적고, 사건을 재연하기 어려우며, 일화적인 관찰 외에는 증명될 수 없기에 늘 논란이 됩니다.

여기 유명한 검증 사례가 하나 있습니다. 바로 뇌종양 환자인 팸 레이놀즈Pam Reynolds입니다.[5] 레이놀즈는 뇌에서 종양을 제거하는 수술을 받은 후 임상적으로 사망했고 나중에 다시 살아났습니다. 그녀는 임상적 사망 시간에 벌어진 수술 과정 등에 대해 상세하게 설명했습니다. 레이놀즈가 어떻게 정상적인 뇌 기능과 관련된 자기 인식을 유지할 수 있었는지는 여전히 미스터리입니다.

레이놀즈를 비롯해 사망 후의 의식 또는 OBE 경험을 보고한 수백만 명의 사람들에 대한 한 가지 설명은 '양자 얽힘'과 '비국소적 의식'일 수 있습니다. 비국소적 의식이란 인간의 의식이 뇌, 신체, 어떤 시간과 같은 특정한 물리적 위치에 국한되지 않는다는 이론입니다.

현재 생물학에서 존재하는 것으로 입증된 '양자 얽힘'이 비국소적 의식 배후의 메커니즘으로 제안되고 있습니다.[6] 만약 의식이 물질적인 뇌의 산물이 아니고 양자 얽힘과 같은 다른 현상에서 비롯된 것이라면, 의식은 신체의 외부 또는 심지어 죽음 이후에도 존재할 수 있습니다.

만약 마음대로 유체 이탈을 경험할 수 있다면 모두가 시도하려고 할까요? 먼로 연구소의 윌리엄 불먼William Bulhman에 따르면, 유체 이탈 경험의 이점은 우리의 신체적 감각과 지성의 한계가 훨씬 넓게 확장된다는 것입니다. 유체 이탈을 경험한 후 많은 이들이 자신의 영적 정체성에 대한 각성과 자아개념의 변화를 보고한다고 합니다. 그리고

스스로를 물질 이상의 것, 더 의식적이고 더 살아있는 존재로 봅니다.[7]

지난 수십 년 동안 전 세계에서 보고된 OBE의 다른 이점은 이렇게 정리됩니다. 보다 확장된 알아차림, 자신의 불멸에 대한 개인적 검증, 가속화된 인성의 발달, 죽음에 대한 두려움 감소, 심령 능력 증가, 자발적 치유, 전생의 영향 인식 및 경험, 높아진 지능, 그리고 개선된 기억과 회상 능력, 향상된 상상력 등입니다.

많은 문헌들이 OBE로 인해 생겨나는 지속적이고 긍정적인 효과를 보고하지만, OBE를 경험한 사람들은 자기들의 경험을 거의 이야기하지 않습니다. 다음은 아우토반에서 운전하는 동안 OBE를 경험한 엘레나의 말입니다.

그때 나는 열여덟 살이었고 운전면허증을 막 받은 참이었어요. 그날은 운전면허를 받은 후 시도하는 세 번째 운전이었어요. 독일의 아우토반에는 3개의 차선이 있는데 오른쪽은 저속, 가운데는 중간 속도, 왼쪽은 고속 주행 차선이에요. 운전에 자신 없었던 나는 오른쪽 차선을 선택했어요.

갑자기 내 앞에서 달리던 차가 다른 차를 들이받는 것이 보였어요. 속도를 늦춰 앞차와의 충돌을 피하는 것은 불가능했어요. 차선을 바꿔야 했죠. 그런데 왼쪽을 보니 다른 차가 달려오고 있었어요. 차선을 벗어날 수도 없고, 제때 멈출 수도 없었어요. 어느 쪽이든 충돌은 정해진 일이었어요.

잠시 후, 이상한 느낌이 저를 덮쳐왔어요. 눈이 떠지지 않으면서 머릿속이 빙빙 도는 느낌이었어요. 마치 무인도에 있는 것처럼 아무것도 감지되지 않았고, 시간은 멈췄어요. 다음 순간, 눈이 떠졌고 다시 볼 수 있었어요. 저는 방금까지 주행하던 오른쪽 차선이 아니라 왼쪽 차선에서 운전하고 있었어요. '뭐야, 다른 차와 충돌하지 않았다고? 왼쪽 차선으로 가기 위해 중간 차선을 넘은 기억도 없는데?' 마치 누군가 내 차를 공중으로 들어 올려서 왼쪽 차선으로 옮겨놓은 것 같았어요.

그 모든 일이 일어나는 동안 두려움은 없었어요. 아주 짧은 시간 동안 저는 제 앞의 차와 충돌하거나 옆의 차와 충돌하는 두 가지 선택지 중 하나를 슬로 모션으로 저울질했어요. 그러다가 갑자기 앞을 볼 수 없게 되었고, 그 순간 시간의 흐름이 정지된 것처럼 느껴졌어요. 나는 내 몸에서 떠났고 무슨 일이 일어나도 상관 없었습니다. 시간의 흐름이 정상적으로 돌아오고 나서야 내가 살아있고 다치지도 않았다는 것, 그리고 내가 뻥 뚫린 길을 운전하고 있다는 사실을 알게 되었어요.

지금도 무슨 일이 일어났는지에 대해 합리적인 설명을 할 수 없지만, 그 일은 내게 큰 기쁨과 더없이 깊은 안도감을 주었어요. 마치 더 높은 힘에 연결된 것 같았죠. 누군가가 저를 지켜보고 있고, 그에 의해 보호받고 있다는 이 느낌은 결코 나를 떠난 적이 없어요. 한 가지 덧붙이자면, 그때 나는 무슨 말을 해야 할지 몰랐고 어렸기 때문에 사람들에게 아무 말도 하지 않았어요. 나를 믿지 않거나 비웃을 거라고 생각했으니까요.

엘레나는 분명히 심각한 위험이 초래한 집중된 지각 상태를 경험하고 있었습니다. 생명을 위협하는 사건이 일어나는 동안 시간이 느려지는 일반적인 경험과 몰입 상태에 있는 운동선수들처럼 뇌가 특별한 상황에 대처하기 위해 자발적으로 베타, 알파, 세타, 감마와 같은 여러 뇌파 상태를 생성하는 일이 일어난 것입니다. 엘레나는 이 경험을 자신의 불멸에 대한 검증과 죽음에 대한 두려움의 감소와 결합시키고 있다는 점이 독특합니다.

이제 당신이 몸 밖으로 여행할 수 있는지 여부를 확인하기 위해 사용할 수 있는 연습을 소개합니다. 의식이 몸에 국한되지 않고 어떻게든 비국소적이고 몸이 없이도 존재한다면, 의식은 우리 몸이 죽은 후에도 계속 이어질 것입니다. 죽음은 인생의 끝이 아닐 수 있고, 시간이 우리에게 가하는 제약은 우리의 생각보다 훨씬 약한 것일 수도 있다는 말입니다.

연습: 유체 이탈

이 연습을 밤에 하도록 계획을 세우세요. 성공적인 유체 이탈은 수면 주기와 관련이 있기 때문입니다. 몸은 잠들어 있고 마음은 여전히 활동적인 상태일 때가 유체 이탈을 경험하기에 최적의 시간입니다.

연습을 하기 전에, 집 안에 밤에 이동하기 편하고 안전한 장소를 정해둡니다. 녹음된 특정 음악을 재생하거나 안내에 따르는 시각화는 당신의 몸이 잠들 수 있도록 하는 데 도움이 됩니다. 또한 기억력 증진을 위한 보충제 갈란타민은 당신이 자각몽을 꾸는 것을 돕고 유체 이탈 경험을 촉발시킬 가능성을 높여줄 수 있습니다.[8] 갈란타민이나 다른 보충제 복용 전에 반드시 의사의 조언을 구해야 한다는 점을 잊지 마세요.

잠든 지 3시간에서 3시간 반 정도 지나면, 스스로 깨어나 자신이 선택한 장소로 이동합니다. 등받이가 조절되는 안락의자가 가장 좋습니다. 의자나 소파에 살짝 기대앉되 완전히 눕지는 않습니다.

당신의 지각에 초점을 맞추기 위해 마음의 목소리로 "시간이 사라진다lose time"라고 반복해 말하세요. 의식이 없어질 때까지 그 말을 반복합니다.

만약 당신이 방 안의 다른 곳에 있는 것 같은 생생한 꿈을 꾼다면, 당신이 잠든 곳으로부터 가능한 한 멀리 가기 위해 가까이에 있는 문으로 나간다고 생각합니다.

[참고] 유체 이탈이 곧바로 되는 사람은 드물 것입니다. 연습이 필요합니다. 하지만 당신이 필요로 하는 것이 무엇이든, 그것을 존재하게 만드는 시간을 손쉽게 경험할 수 있는 진짜 관문과도 같은 경험이 될 것은 확실합니다.

16

불멸

시간 초월하기

짐 터커Jim Tucker는 자신의 책 『환생: 전생을 기억하는 아이들의 특별한 사례 모음Return to Life: Extraordinary Cases of Children Who Remember Past Lives』에서 5세 소년 패트릭Patrick이 자기가 태어나기도 전에 죽은 이복 형 케빈Kevin을 기억하는 일화를 소개합니다.

케빈은 패트릭이 태어나기 12년 전에 죽었습니다. 패트릭은 케빈이 사촌과 수영을 하고, 귀 주위에 수술을 받고, 강아지와 놀았던 것을 기억한다고 합니다. 놀랍게도, 이 연관성은 패트릭의 신체에까지 확장된 것처럼 보였습니다. 출생 당시 패트릭의 몸에서 정확히 케빈의 몸에 있었던 혹이나 흉터의 흔적이 발견되기도 했습니다.[1]

패트릭이 기억하는 삶이 너무 오래전 일이라서 이례적이긴 하지만, 터커의 책은 그들이 전혀 경험하지 못했던 일을 기억하는 것처럼 보이는 많은 아이들의 사례를 보고합니다.

터커는 2,500명의 아이들을 인터뷰했는데, 대부분이 6세 미만 아동이었습니다. 버지니아대학교 의대의 정신의학과 교수인 터커는 이 아이들의 경험에 대한 가장 과학적인 설명은 '그들이 실제로 자신의 전생을 기억하고 있다는 것'이라는 논란의 여지가 많은 결론을 내렸습니다.

게다가 터커가 연구한 수천 건의 사례를 통해 흥미로운 결과가 도출되었습니다. 예를 들자면 약 70%의 아이들이 폭력적이거나 부자연스러운 죽음을 맞았고, 90%의 아이들이 전생과 현재의 삶에서 자신의 성별이 동일하다고 보고했으며, 아이가 사망하고 새로운 신체로 태어날 때까지의 시간은 평균 16개월 정도였습니다.

어떻게 이런 일이 일어날 수 있을까요? 추측에 근거한 한 가지 이론은 생명체가 생물학적인 것이 아니라 정보적인 것일 수 있다는 겁니다. '정보'를 어떤 것의 속성이나 존재에 대한 사실이라고 생각해보세요. 물리학에서는 물질과 에너지가 우주를 구성하고 있다고 믿습니다. 최근, 양자 정보 처리라 불리는 분야의 과학자들은 우주가 정보를 처리하는 거대한 시스템(일종의 컴퓨터)일 수 있다고 이론화합니다. 다시 말하자면 정보가 물질과 에너지를 발생시키며, 그 반대는 아니라는 것입니다.[2] 그들의 주장은 다음과 같습니다.

정보가 물질과 에너지를 발생시킨다. 왜냐하면 (1) 우주는 원자와 다른 기본 입자들로 구성되어 있고, (2) 원자를 구성하는 아원자 입자들은 양자역학의 법칙에 따라 상호작용하며, (3) 아원자 입자들이 상호작용할 때 정보가 생성된다. 그러므로 (4) 우주를 구성하는 것은 정보이다.

대양의 파도가 해안으로 밀려올 때를 생각해보세요. 모든 물 분자는 다른 분자들과의 상대적 위치와 같은 정보를 파동에 가져다줍니다. 두 개의 물 분자가 상호 작용할 때, 그들은 그 정보를 '처리'한 결과로 위치를 바꾸거나 이동합니다. 셀 수 없이 많은 물 분자가 상호작용한 결과가 파동입니다. 인간의 뇌에서 이런 종류의 시나리오에 따른 일이 일어나고 있다면, 그 결과는 의식을 암시하는 '생각'일 수 있습니다.

물리학 분야의 거인 로저 펜로즈Roger Penrose도 '생각들이 어떻게 뇌에 의해 의식으로 형성되는가'라는 문제에 양자 컴퓨팅의 원리를 적용해 또 다른 이론화를 했습니다.[3] 즉 양자 중첩으로 인해 뇌가 동시에 'on'이거나 'off'인 상태로 존재하는 신경 활동의 형태로 양자 상태를 수용할 수 있다는 제안입니다.

신경 활동의 복합 상태들은 그 자체가 '켜져' 있거나 '꺼져' 있는 양자 컴퓨터의 비트bit들과 같고, 그리고 신경 활동은 순식간에 의식적인 생각으로 경험하는 하나의 양자적 사건으로 함께 모인다는 것입니다. 그러나 대부분의 주류 과학자들은 이 설명에 대해 이해하지 못합니다.

펜로즈가 제안하는 '양자 결맞음quantum coherence'은 일반적으로 환경과 온도에 매우 민감하고 고도로 통제된 환경 내에서만 발생한다고 합니다. 과학자들은 뇌가 너무 축축하고 따뜻하기 때문에 두뇌 안에서는 양자 과정이 어떤 역할도 하기 어렵다고 주장합니다.

그럼에도 불구하고, 펜로즈는 신경과학, 생물학, 심지어 물리학까지도 뇌와 의식 관련해서 무슨 일이 일어나고 있는지를 설명할 수 있다는 우리의 관념을 버려야 한다고 확신합니다.

우리의 뇌와 의식이 정보를 생성하는 양자 컴퓨터의 결과이든, 양자이론이 허용하는 방식으로 많은 수의 입자가 상호작용하는 양자장quantum fields의 결과이든, 에너지 보존은 사실입니다. 즉 생성되거나 파괴되는 것은 아무것도 없으며, 단지 한 형태에서 다른 형태로 모습만 바뀔 뿐이라는 말입니다.

아무것도 창조되거나 파괴되지 않는다는 동일한 원칙이 터커의 전생을 기억하는 아이들의 불멸과도 같은 상태를 설명할 수 있습니다. 고전 물리학의 세계에서는 정보가 마음대로 삭제될 수 있습니다. 그러나 양자 세계에서의 '양자 정보 보존 이론'은 정보는 생성되거나 파괴될 수 없음을 뜻합니다.[4]

이것이 사실이라면 죽은 아이들이 살았던 삶에 관한 양자 정보는 다른 아이들 안에서 계속 존재할 수 있다는 말이 됩니다. 여기 내포된 실제적 의미는 모든 상상을 초월할 정도로 난해하며 놀랍습니다. 예를 들어, 불멸을 위해 육체를 영원히 살게 할 필요가 없습니다. 불멸의 진짜 비밀은 모든 사람, 모든 것이 이미 불멸이라는 사실입니다. 우리를 포함해 세상에 존재하는 모든 것이 영원히 사라지지 않을 양자 정보의 결과이기 때문입니다.

우리는 너무나 자주 시간이 충분치 않다고 느끼면서 시간이 우리의 적이라고 생각합니다. 하지만 현실은 꽤나 다를 수 있습니다. 시간은 우리의 생각보다 훨씬 덜 제한적입니다. 우리의 본성이 시간을 초월하여 확장된다는 것을 깨닫기만 하면, 우리는 세상의 모든 시간을 가진 것처럼 살아갈 수 있습니다.

그렇지만 생명이란 무엇이며, '살아있는' 존재가 생명 없는 존재인 무생물과는 어떻게 다른지, 또는 살아있지 않은 것과 살아있는 것의 차이는 무엇인지 등의 의문은 여전히 남습니다. 수백 년 전, 철학자와 과학자들은 생물체가 영spirit, 혹은 무생물에는 없는 '생명의 불꽃'에 의해 살아있다는 이론을 세웠습니다. 19세기에 이르러서는 과학의 발전에 따라 이전의 관점이 대폭 바뀌었습니다.

유기체는 원자로 구성된 분자로 이뤄져 있으며 화학, 물리학, 열역학 법칙에 따라 생명 현상을 유발합니다. 분자 수준에서 살아있는 생물체는 열역학 반응의 결과로 작동하는 증기기관과 다를 바 없다는 생각입니다. 살아있는 유기체들은 그저 엄청나게 더 복잡할 뿐인 겁니다.

그런데 20세기에 놀라운 일이 일어났습니다. 양자역학의 신비롭고 환상적인 세계가 발견된 것입니다. 양자역학은 그들만의 몇 가지 법칙을 가지고 있었습니다. 즉, 양자 입자는 관측에 의해 파동 함수가 붕괴되고, 한 번에 여러 상태로 존재할 수 있으며, 심지어는 먼 거리에서도 서로 유령처럼 연결됩니다.

물리학에 대한 오래된 사고방식이 점점 더 새로운 발견에 의해 퇴색되면서, 양자역학의 거인 중 한 명인 에르빈 슈뢰딩거(슈뢰딩거의 고양이에 나왔습니다)는 '생명이란 무엇인가?'라는 질문에 과학적으로 답하려고 시도했습니다. 1944년 그는 자신의 책에서, 이미 발견된 물리학의 법칙과 아직 발견되지 않은 물리학 법칙들에 의해 세포의 행동과 신경계의 작동을 설명할 수 있다고 주장했습니다.[5]

과학이 발전하면서 광합성, 효소 화학 반응, 이동하는 철새의 비행술과 같은 근본적인 생물학 과정에 대한 양자 기반의 설명이 가능해졌습니다. 슈뢰딩거처럼 아직 답이 나오지 않은 질문을 계속 탐구하는 과학자들에 의해, 언젠가는 그 질문에 대한 완벽한 답이 찾아질 것입니다.

그러는 동안, 우리가 불멸의 본성과 접촉할 수 있는 연습을 소개합니다. 완전히 현존하거나 행동하는 것을 가로막는 생각이나 느낌으로 마비될 때마다 이 연습을 사용하면, 최고의 의식 상태를 표현하는(전형적 감마 뇌파와 연결된) 특이성이나 통일 의식에 대한 초월적이고 자기 극복적인 경험이 촉발됩니다.

이제부터 소개할 연습을 하면, 당신은 잠시나마 당신과 분리되어 있다고 생각했던 모든 것이 사실은 당신과 연결되어 있고 구별할 수조차 없다는 것을 경험할 수 있습니다. '모든 것의 이론'에 따르면, 우주를 구성하는 모든 것은 양자 입자들이 서로 상호작용하면서 정보를 생성하는 것에 불과합니다. 그리고 여기서 현실의 한 부분은 물리적이고 다른 한 부분은 지각적입니다. 이 상태에서 모든 걱정과 두려움은 사라지고 시간 없는 무한의 느낌으로 대체되는 것입니다.

연습: 육체 초월하기

'집중된 지각 상태 만들기' 연습을 사용하여 최대한 긴장을 풉니다. 이제 눈을 뜨고 주위를 둘러봅니다. 그리고 이렇게 생각합니다. '모든 것이 나다.'

당신의 논리적인 마음이 떠들기 시작하더라도, 가능한 한 이 생각을 오래 유지합니다. 당신의 생각이 표류할 때, 다시 한번 이런 생각을 합니다. '모든 것이 나다.' 의자, 컴퓨터, 책상, 책 등 당신 주변에 있는 모든 것을 생각에 포함시킵니다.

당신의 뇌가 집중을 방해하는 생각들로 당신을 폭격하기 시작하기 전까지 얼마나 오랫동안 마음에 집중할 수 있는지 봅니다. 꿋꿋하게 당신 주변의 모든 것이 당신이라는 생각을 되풀이합니다.

고급 기법: 육체 초월 경험 고양하기

주위를 둘러보고 당신이 보는 모든 곳에서 당신 자신을 볼 수 있다고 상상합니다. 분리는 없습니다. 그러고 나서 당신이 주변의 모든 것 안에서 당신 자신을 보고 있으며, 당신이 그것들의 창조자라고 상상합니다. 예를 들어, 당신과 테이블 사이에 감지되는 경계가 있을 수 있지만 어떤 의미에서 그것은 인위적입니다. 당신의 몸과 테이블을 구성하는 원자 및 아원자 입자는 다르지 않습니다. 당신의 손과 테이블을 더 깊이 살펴보고 그 경계가 존재하지 않는다고 상상하세요.

17

매일 하는 시간 초월 연습

여기까지 읽은 당신은 자신이 갖고 있는 시간의 구성개념을 업데이트하고 실제로 적용할 수 있는 몇 가지 방법을 알게 되었을 것입니다. 이제 그 모든 것을 바탕으로 시간 경험을 바꾸기 위해 매일 할 수 있는 일을 알아보겠습니다.

당신의 개인적인 변혁 작업을 시간의 과학과 결합하는 네 가지 방법으로 아침, 저녁, 하루 종일, 비상시로 나눠서 연습할 수 있습니다.

1. 아침 연습

매일 아침 '집중적인 지각 만들기' 연습(6장)으로 하루를 시작합니다. 그리고 나서 자신에게 질문합니다. '오늘 내가 할 일은 무엇인가?'

이 질문에 대해 떠오른 생각에 기초하여, 그날 할 일의 우선순위를 적어봅니다. 하루를 보내는 동안 다른 어떤 일이 일어나더라도 적어놓은 이 몇 가지 일들에 최우선 순위를 두겠다고 다짐합니다.

그런 다음, 자신에게 다음을 상기시킵니다. '시간은 한편으로 물리적이고 또 한편으로는 지각이다. 나는 어떤 사건이든 그 사건에 집중함으로써 언제라도 사건에 대한 나의 지각을 바꿀 수 있다.'

2. 하루 종일

시간을 초월하는 두 번째 열쇠는 현재 순간에 남아 있는 것입니다. 생활하는 동안 어쩔 줄 모르게 되거나 패닉에 빠지거나 시간에 쫓기는 느낌이 들면, 하던 일을 멈추고 조용한 곳을 찾습니다. 그리고 집중된 지각 상태 만들기 연습(6장)을 활용해 현재 순간으로 돌아옵니다.

당신이 여전히 현재 순간에 머물기 어렵다면, 과거에 대한 후회로 방해받는 것일 수 있습니다. 이렇게 당신을 마비시키는 생각으로부터 자신을 해방시키기 위해서는 '과거 뒤집기' 연습을 사용하세요.

마찬가지로 미래에 대한 걱정이나 불안, 두려움으로 인해 당신이 현재 순간에 머물지 못하고 있다면 '미래가 당신을 위축시키지 못하게 하기' 연습과 '무엇이 진실인가요?'라는 고급 기법(9장)을 사용해 그런 생각들로부터 벗어납니다.

3. 비상시

- 중요한 미팅에 늦을 때: '시간 늘이기'(10장)
- 긴급한 작업을 완료해야 할 때: '필요할 때 바로 통찰 얻기'(11장)
- 만나야 할 사람이 있는데 직접 연락할 시간이 없을 때: '마음에서 마음으로 전달하기'(12장)
- 누군가(무언가)가 안전하다는 것을 알아야 하는데 직접 가볼 시간이 없을 때: 현재 상황에서 '무엇이 가장 중요한지 즉각 검증하기'(13장)
- 아끼는 사람에게 뭔가가 필요할 때: '형이상학적 중력 활용하기'(14장)
- 현재 상황에 압도되어 시간이 적이 아니라는 사실을 자꾸 잊을 때: '시간 초월하기'(16장)

4. 저녁 연습

매일 밤 잠들기 전에, 과거로부터 자신을 해방시키기 위해 '과거 뒤집기'(8장)를 활용합니다. 또한 당신이 걱정이나 두려움에 사로잡힌다고 느끼면 '무엇이 진실인가?' 기법과 함께 '미래가 당신을 위축시키지 못하게 하기'(9장)를 연습하세요.

시간을 초월해서 당신이 원하는 일을 해나가기 위해 당신만의 맞춤 연습을 개발해도 좋습니다. 책에 나온 내용 이상의 자료나 도움이 필요하면 allthetimebook.com을 참조하세요.

맺는 글

플로리다에 살면서 여름 오후에는 늘 지역 해변을 걷곤 했습니다. 2016년 6월 30일도 해변을 걷고 있었는데, 경찰차가 거리에서 해변 쪽으로 들어왔습니다. 그럴 이유가 없었기에 예사롭게 보이지 않았습니다. 경찰차가 울퉁불퉁한 모래밭을 누비는 모습을 보고 있자니 다른 무언가가 눈에 들어왔습니다. 순간적인 환영이라고밖에 표현할 수 없지만, 경찰차 옆면에 쓰인 '경찰police'이라는 단어가 어째서인지 '평화 담당관peace officer'이라는 단어로 바뀌는 것을 '본' 것입니다.

집에 돌아와서 조금 전에 있었던 일을 생각해 보았습니다. 어쩌면 경찰 차량에 쓰인 단어를 바꾸는 것처럼 단순한 일이 강력한 효과를

낼 수도 있다는 생각이 들었습니다. 사실 '평화 담당관peace officer'은 각 지역의 법에서 전국의 모든 부류의 경찰을 지칭하는 말입니다. 전국 어디에서나 경찰관들을 칭하는 기본적인 용어였던 것입니다.

2020년 6월 '경찰이 지역사회에서 자신들의 역할을 어떻게 보는가'와 '시민들이 경찰에게 어떤 역할을 원하는가'에 대한 문제를 조명하는 전국적인 행사들이 줄줄이 개최되었습니다. 제가 순찰차에 쓰인 '경찰'이란 단어를 '평화 담당관'으로 바꿔서 본 2016년 6월로부터 4년 후의 일입니다.

그렇지만 우리가 진정으로 경찰과 지역사회 간의 갈등이 증가하는 추세에 대해 생각해봤다면, 누구라도 4년 전에 그 문제에 주목했을 것입니다. 경찰과 지역사회 구성원 모두 '단절'이 경찰의 역할이라고 인식한다는 생각이 들었습니다. 경찰이 스스로를 보는 방식과 시민들이 경찰을 보는 방식을 바꿀 수 있다면, 전국적으로 일어나고 있는 일의 역학을 바꿀 수도 있을 것입니다.

경제학을 공부하면서 실제 상황에서 이론을 검증하는 법을 배웠던 나는 지금 그것을 하기로 결심했습니다. 결국 나의 가설은 사실로 밝혀졌습니다. 경찰과 시민이 자신을 생각하는 방식을 바꾸는 것처럼 간단한 일이 기존 시스템의 역학을 변화시킵니다. 다시 말해, 서로를 생각하는 방식이 바뀌면 새로운 대화가 시작됩니다.

나는 국가 비영리 경찰 조직 'Police2Peace'를 결성했습니다. '평화 담당관'이라는 단어를 대화에 도입하는 것을 포함하여, 오늘날 '평화'라는 말은 전국의 경찰 부서와 지역사회를 고무하고 치유하는 방식으로 통합하고 있습니다. 또한 Police2Peace 조직은 '더할 수 없게 시의적절하다'라는 평가를 받고 있습니다.

나는 가족 중에 경찰관도 없고 법과 관련된 경력 같은 것도 없습니다. 그런데도 평화 담당관Peace Officer이라는 단어를 '본' 순간, Police2Peace에 대한 비전이 떠올랐습니다. 그 후, 내 인생은 완전히 변했습니다. 나는 형사사법 개혁이라는 목표에 전념하게 되었고 국가적 차원의 변화를 주창하고 있습니다. 이 경험에 대해 내가 가장 자주 받는 질문은 '당신이 무슨 일을 해야 할지 어떻게 알았습니까?'입니다. 그 질문에 대한 답은 이 책에 모두 들어 있습니다. 이 책에 실린 연습들 덕분에, 나는 내가 해야 할 일을 좀 더 쉽게 인지했고 결국 해낼 수 있었습니다.

우리의 일상이 시간과 불가분으로 얽혀 있고 시간에 의존할 수밖에 없는 상황에서, 시간의 흐름이 없다면 사실상 우리 삶의 어떤 것도 존재하지 않을 것이라고 믿는 경향이 있습니다. 시간은 물리적 현실에 대한 우리의 경험을 규정합니다.

하지만 우리는 이제 시간이 물리적인 것일 뿐만 아니라, 우리의 지각에 기반한다는 사실을 알게 되었습니다. 지각에 초점을 맞출 때, 우리는 시간에 대한 우리의 경험을 바꿀 수 있습니다. 시간에 대한 경험을 바꿀 때, 시간을 초월하고 시간을 마스터하게 됩니다. 우리가 시간에 통달할 때, 스스로에 대해서도 통달하게 되는 것입니다.

이제 내가 당신에게 묻습니다.

"당신이 해야 할 일은 무엇인가요?"

감사의 말

이 책을 세상에 나오게 해준 모든 분들, 특히 돈Don, 아만다Amanda, 스티브Steve, 얀Jan, 다이애나Diana와 사운드 트루Sounds True 팀에 감사드립니다. 여러분의 영감과 전문성, 예술성에 머리를 숙입니다. 저의 헌신적인 기고자들과 독자들, 특히 마르시아Marcia, 로레Lore, 데본Devon, 아니트라Anitra, 찰리Charlie, 엘레나Elena, 앤서니Anthony, 줄스Jules, 테리Terry, 벤Ben, 빌Bill, 리치Rich, 마사Martha, 라나Lana, 헌터Hunter, 스티븐Stephen, 고든Gordon, 로리Lori, 리디아Lidia, 바바라Barbara, 피트Pete, 메릴Meryl, 클로데트Claudette, 드루Dru, 에반젤린Evangeline, 패티Patty, 마이크Mike, 패트릭Patrick, 베로니카Veronica, 필샤Philsha, 로스Ross, 레슬리Leslie, 조니Joanie, 데브라Debra, 마시Marci,

잭Jack, 돈 미겔Don Miguel, 브루스Bruce, 딘Dean, 로저Roger, 오리Ori, 헨리Henry, 조지George, 데이비드David, 콘스탄스Constance, 샬로트 Charlotte, 크리스Chris, 닉Nick, 케이티Katy, 에이미Amy, 앤Anne, 피터 Peter, 그리고 로라Laura: 당신들의 정직함과 사려 깊음, 그리고 저를 위해 쓴 수많은 시간에 감사드립니다. MIT와 예일에서 물리학을 전 공한 도널드 칼린 박사님Donald Carlin, PhD, 저를 바르게 살도록 가르 쳐주시고 응원해주셔서 감사합니다. 무엇이든 가능하다고 믿어준 아 서Arthur, 짐Jim, 스콧Scott에게도 고마움을 표합니다. 항상 저를 응원 해준 토니Tony, 고맙습니다. 마지막으로 제리Jerry에게 감사를 전하며 당신이 여기에 있다고 느낍니다.

부록 A

다 하지 못한 과학 이야기

이 책 전반에 걸쳐서, 일부 사람들에게는 특별한 것으로 여겨질 수 있는 생각들이 특정한 주장과 이론을 뒷받침하기 위해 사용되었습니다. 이제부터 당신은 그러한 주장을 지지하는 추가적인 과학 이론과 연구 결과들을 만나게 될 것입니다.

파동-입자 이중성

우리는 양자물리학자들이 원자보다 더 작은 입자를 연구하면서, 그 입자들은 우리가 보고 느끼고 잡을 수 있는 큰 것들과 다른 방식으로 행동한다는 사실을 발견했다고 알고 있습니다. 그런데 양자물리학자들이 어떻게 이 신비한 입자들과 그들의 행동을 지배하는 법칙을 발견했는지 아십니까?

양자 과학이란 개념이 존재하기도 전인 1803년, 토마스 영Thomas Young은 빛이 파동의 성질을 가질 때만 설명되는 특성을 가지고 있다고 발표했습니다. 그로부터 100년 이상이 지난 후, 알버트 아인슈타인은 특정한 빛의 주파수가 '광자'라고 불리는 빛의 입자처럼 '불연속적인 에너지 패킷'으로도 존재한다는 것을 증명했습니다. 아인슈타인은 이 이론으로 1921년 노벨상을 받았습니다.

이 두 이론은 루이 드 브로이에Louis de Broglie가 1924년 박사 논문을 통해, 전자뿐만 아니라 물질, 전자, 원자 등 모든 것이 파동과 입자의 성질을 가질 수 있다는 이론을 세우기 전까지는 빛에만 적용되는 것으로 생각되었습니다. 드 브로이에는 이 아이디어로 1929년 노벨상을 수상했습니다. 드 브로이에의 이 생각이 양자이론에서 가장 유명한 개념 중 하나인 '파동—입자 이중성'입니다. 이것으로 양자물리학의 첫 번째 문이 열렸습니다.

파동-입자 이중성은 빛뿐만 아니라 일반적인 물질도 파동과 입자로 모두 작용할 수 있다는 생각입니다. 토마스 영, 알버트 아인슈타인, 그리고 그 이후의 많은 연구자들은 광자의 파동/입자 특성을 증명하기 위해 흔히 '이중 슬릿 실험'이라고 불리는 유형의 실험을 실행했습니다.

먼저 빛(광자)을 발사하는 광원과, 광자가 어디에 착륙했는지 기록하기 위한 검출판 사이에 하나의 슬릿(틈새)이 있는 스크린을 배치했습니다. 총에서 작은 광자탄이 발사되듯이 광원에서 빛이 방출되었습니다. 총알처럼 생긴 광자들이 쌓인 결과로, 슬릿(틈새)을 뚫고 뒤에 있는 판에 부딪힌 광자들에 의해 흐릿한 이미지가 만들어졌습니다. 그들이 다른 쪽 끝에 있는 판 위에 쌓였다는 사실은 광자가 입자처럼 행동하고 있다는 것을 보여줍니다. 이것이 단일 슬릿 실험입니다. (8장을 참조하세요.)

이 결과에 만족할 수 없었던 초기 물리학의 선구자들은 스크린 앞에 두 개의 좁은 슬릿(틈새)를 만들면 어떤 일이 일어날지를 실험했습니다.[1] 이른바 이중 슬릿 실험입니다.

기억하세요, 초기 물리학자들은 단 하나의 광자를 쏜다고 생각했습니다. 그들은 광자를 고체의 단일 입자라고 가정했으니까요. 당신은 단일 광자가 그중 하나의 슬릿을 통과할 것이라고 생각했을 수 있습니다. 아니면 두 개의 슬릿과 일치하는 두 개의 이미지를 얻을 수 있다고 생각했을 수도 있습니다. 그런데 실험 결과는 둘 중 어느 것도 아니었습니다.

빛은 두 개의 틈새를 동시에 통과하는 것처럼 보였습니다. 그리고 광자 입자처럼 행동하기보다는, 슬릿의 반대편에 생긴 이미지로 판단컨대 파동처럼 행동했습니다. 그들은 서로 교차하며 간섭하는 두 개의 파동처럼 보였습니다. 마치 연못에 쏘아진 두 개의 총알처럼, 각각의 충격에서 나온 잔물결이 서로를 간섭하는 것처럼 보였던 것입니다.

관찰자 효과

왜 이 광자들은 단일 슬릿 실험에서는 입자처럼 행동하고, 이중 슬릿 실험에서는 파동처럼 행동했을까요? 과학자들은 두 개의 슬릿을 통과해서 스크린 뒤에 있는 검출판을 때리는 광자들을 관찰하기 위한 센서(감지기)를 설치했습니다. 그러자 다음과 같은 일이 일어났습니다.

센서에 의해 관찰되었을 때, 각각의 광자는 마치 한 개의 슬릿만을 통과한 것처럼 행동했습니다. 다시 말해, 검출판 위의 파동 패턴은 사라졌고, 원래 기대했던 결과를 얻었습니다. 센서로 관찰되지 않은 슬릿을 통과한 광자들은 파동처럼 보였고, 센서가 관찰한 슬릿을 통과한 광자들은 입자처럼 보였다는 말입니다.

정말 기묘한 것은 어느 쪽 슬릿이 됐든 광자들이 슬릿을 통과하는 것이 관찰되었을 때만 파동에서 입자로 행동이 바뀌었다는 사실입니다. 그리고 광자들은 입자처럼 행동하거나 파동처럼 행동했고, 입자인 동시에 파동인 것처럼 행동하는 일은 결코 관찰되지 않았습니다.

우리는 이 논쟁이 광자로 시작되었지만, 파동-입자 이중성은 단지 광자에만 국한된 것이 아니라는 것을 기억해야 합니다. 유사한 실험들이 중성자에서 원자, 그리고 더 큰 분자들을 대상으로 수행되었고, 수행되고 있습니다.[2]

이후로 과학자들은 수도 없이 여러 번 광자 실험을 했을 뿐만 아니라, 실험 설계를 변화시켜가면서 실험을 계속해왔습니다. 후일 '양자 지우개'로 알려진 실험에서는 의도적으로 광자를 관찰하지 않는 방식을 택했습니다. 그런데 모든 실험의 경우에서, 광자의 부재를 관찰하는 것이 광자의 존재를 관찰하는 것과 같은 효과를 가져왔습니다.[3]

실제로 관찰된 것은 전혀 없었고 관찰의 부재만이 발생했으므로,

관찰 그 자체가 파동함수 붕괴에서의 핵심 과정임이 드러났습니다.

리차드 콘 헨리Richard Conn Henry 교수는 학술지 「네이처」에 기고한 논문에서 이렇게 밝혔습니다. '단순히 인간의 마음이 아무것도 없는 것을 보는 것에 의해 파동함수가 붕괴되었습니다.' 리처드 교수의 결론입니다. '우주는 온전히 정신으로 존재합니다.'[4]

물리적 세계에서의 양자 얽힘

3장에서 언급했듯이, 연구자들은 미시세계를 지배하는 양자 원리가 거시세계에도 적용되어 '모든 것에 대한 이론'을 만들어낼 수 있음을 증명하기 위해 노력하고 있습니다. 일반 상대성이론과 양자역학을 통합하기 위해 시도 중인 한 가지 방법이 얽힘의 개념을 사용하는 것입니다.

입자들이 서로 얽힐 때, 그들이 우주의 끝에서 끝만큼 떨어져 있더라도 마치 연결된 것처럼 행동한다는 사실을 떠올려보세요. 최근 브룩헤이븐Brookhaven 국립연구소, 스토니브룩대학StonyBrook University, 미국 에너지부DOE의 에너지과학 네트워크ESnet 연구원들은 11마일 떨어진 광자들의 얽힘 상태를 성공적으로 증명했습니다. 이것은 미국에서 가장 먼 거리의 얽힘 실험 중 하나로 보입니다.[5]

이제 연구자들은 훨씬 큰 범위에서, 양자 얽힘과 공간에 묶인 웜홀이 같은 현상이라고 주장합니다.[6] 일반적으로 물리학자들은 양자 얽힘을 두 입자 사이에만 존재한다고 설명합니다. 그러나 최근 논문에서 연구자들은 얽히고설킨 아원자 입자들의 행동을 설명하기 위해, 입자들이 일종의 양자 웜홀로 연결돼 있을 수도 있다고 주장합니다.

사실, 시공간 자체가 양자 얽힘에서 비롯될 수도 있습니다. 웜홀은 아인슈타인의 중력에 의해 묘사된 공간의 왜곡이므로, 이제 연구자들은 양자역학에 의해 지배되는 많은 입자들이 얽힐 수 있다고 생각합니다. 게다가, 일반적으로 천체 물리학에만 존재하는 웜홀의 정체성을 양자 얽힘으로 규정하는 것은 일반 상대성이론과 양자역학 사이의 확실한 연결고리가 될 것입니다.

물리적 세계에서의 양자 중첩

모든 것에 대한 이론을 추구하면서, 일부 연구자들은 중첩의 개념에 초점을 맞추고 있습니다. 최근에 시간을 연구하는 다국적 과학자들로 구성된 팀은 시간이 양자적인 방식으로 흐를 수 있다고 제안했습니다.[7] 우리는 이미 물리 법칙을 통해 거대한 물체의 존재가 중력으로 인해 시간을 느려지게 한다는 것을 알고 있습니다. 이것은 거대한 물체 가까이에 놓인 시계가 더 멀리 있는 동일한 시계에 비해 더 느리게 진행한다는 뜻입니다. 그렇다면 왜 이와 같은 효과가 미시적 양자 세계에는 존재할 수 없을까요? 예를 들어, 만약 시계가 양자 세계의 거대한 물체에 의해 영향을 받는다면 어떻게 시간이 유지될 수 있을까요?

대다수 물리학자들은 그렇지 않기를 바라지만, 전통적인 과학의 답은 이 시나리오는 상상할 수 없다는 것입니다. 왜냐하면 일반 상대성 이론에 의해 지배되는 거시적 세계에서 사건은 연속적이고 인과관계의 대상이 되기 때문입니다. 이는 모든 원인이 결과에 상응한다는 것을 의미합니다.

그러나 양자역학의 미시적인 세계에서 사건은 원인과 결과보다는 확률의 결과로 일어납니다. 파동—입자 이중성, 그리고 슈뢰딩거의 고양이가 중첩 상태라고 불리는 두 개의 다른 상태로 존재할 가능성을 기억하시길 바랍니다.

중력으로 시간을 휘게 할 정도로 거대한 물체가 양자 중첩 시나리오에 놓이면, 따라서 양자 원리와 물리 법칙을 하나의 시나리오로 결합하면 어떤 일이 일어날 수 있을까요? 질문을 던진 연구자들은 다음과 같은 사고 실험을 생각해냈습니다.

우주에서 임무를 수행하는 두 우주선을 상상해보세요. 우주선 1호와 우주선 2호, 그들은 정확히 같은 순간에 서로에게 무기를 쏜 후 상대방의 사격을 피하라는 지시를 받았습니다. 이 순간 그들은 서로 중첩돼 있는 것으로 간주되는데, 이는 그들이 동시에 총에 맞았을 가능성과 동시에 총에 맞지 않을 가능성으로 존재함을 의미합니다.

이제 이 실험에 중력을 도입해 보겠습니다. 행성과 같은 거대한 물체가 우주선 1호에 더 가깝다고 상상해 보세요. 우주선 1호의 위치에서, 우주선 2호의 시간은 더 빨리 지나가는 것처럼 보일 때까지 가속되는 것처럼 보입니다. 이전 장에서 본 블랙홀의 예를 기억하세요. 결과적으로, 행성에서 더 멀리 떨어진 우주선 2호는 항상 1호보다 무기를 더 빨리 쏘라는 지시를 받는 순간에 도달할 것입니다. 그리고 우주선 1호는 우주선 2호에 명중할 만큼 빠르게 발사할 기회가 없을 것이며, 이는 시간 내에 명백한 사건의 순서를 설정합니다.

독특한 양자 현상인 우주선의 중첩이 독특한 물리적 현상인 우주선에 대한 중력의 영향과 결합할 때, 적어도 이론적으로는 두 개의 '세계'가 현실 세계에서 공존할 수 있음을 의미합니다.[8] 그러므로 이것이 비록 사고 실험이고 우주에서의 실제 전투는 아니라고 해도, 공상 과학 소설은 아닙니다.

물리적 세계에서 붕괴를 일으키는 의식

다른 획기적인 연구들도 있습니다. 우리가 감지할 수 있는 물리적인 것들에 대해서도 의식이 붕괴를 일으킨다는 것을 주장하기 위해, 일상 세계에서 우리의 의도가 일으키는 효과를 보여주려는 것입니다.

수십 년 동안, 양자 기반 난수 발생기의 출력 결과는 인간의 의도로 인한 무작위적이지 않은 결과가 증명될 수 있는지 여부를 판정하는 데 사용되어 왔습니다. 이런 유형의 실험에 참가하는 피험자는 생각을 사용해 무언가를 하라는 지시를 받습니다. 예를 들면, 패널에 있는 두 개의 조명 중 하나를 다른 조명보다 더 많이 켜지도록 만들라는 지시입니다.

실험에 사용되는 조명이나 다른 신호들은 양자 난수 발생기에 의해 무작위로 생성될 것입니다. 만약 피험자들의 생각이 난수 발생기에 아무런 영향을 미치지 않는다면, 조명의 50%는 항상 한 가지 색이 되고 50%는 항상 다른 색이 될 것입니다. 그러나 최근의 메타 분석에 따르면, 모든 연구에 걸쳐 작지만 균일한 우연의 편차가 존재하는 것으로 나타났습니다. 물리적 물질에 대한 의도적인 인간 관찰의 역할이 존재할 수 있음이 시사된 것입니다.[9]

이 연구는 마이크로-사이코키네시스micro-psychokinesis(미소 염력 행사)라고 불립니다. 마이크로-사이코키네시스는 거시세계의 물리학을 이용해 미시적인 양자 세계에서만 발생한다고 믿어지는 현상을 측정하고자 합니다. 즉, 의식이 파동함수의 붕괴를 야기하는 것을 측정하려는 것입니다.

이와 같은 연구가 계속 발표되고 있고 수많은 연구를 통해 많은 가설을 지지하는 데이터가 쌓이고 있음에도 불구하고,[10] 과학계는 아직 확신하지 못하고 있습니다. 이런 회의론은 오늘날 물리학의 가장 큰 문제 가운데 하나를 보여줍니다. 크고 거시적인 물체의 행동 방식과 아주 작고 미세한 입자의 행동 방식 사이에 명백한 차이가 존재한다는 사실입니다.

그런데 의식이 붕괴를 일으킨다는 개념이, 물질에 대한 염동력적 조작psychokinetic manipulation을 설명하는 한 가지 방법에 불과하다고 생각하면 어떨까요? 이 생각은 새로운 것이 아닙니다. 인간은 수천 년 동안 육체적 현실에서 나타나는 몸과 마음의 연결 가능성에 매료되어 왔습니다. 세계의 종교, 신화, 철학은 물론 고대의 영적 전통은 모두 이러한 믿음의 측면을 포함하고 있습니다.

중국이나 인도와 같이 수천 년 전으로 거슬러 올라가는 동양의 정신적 전통은 마음이 몸을 치유하는 일에 필수적 역할을 한다고 믿었습니다. 메소포타미아, 이집트, 그리스, 로마, 유대교와 같은 많은 다른 문화들도 인간의 마음이 물리적 현실의 측면을 창조하거나 바꿀 수 있다고 생각했습니다.

이러한 믿음은 14, 15세기의 르네상스에 이르기까지 오랫동안 지속되었습니다. 르네상스 시대 이래로 서양 철학자들은 마음과 정신 현상이 본질적으로 육체적인지 비육체적인지에 대해 논쟁하기 시작했습니다.

17세기에 이들 철학자 중 가장 유명한 한 사람인 르네 데카르트는 처음으로 생각 혹은 마음mind을 의식과 동일시하고 뇌를 몸과 동일시했습니다. 지적 능력의 물리적 원천으로 여겨졌던 '뇌'로부터 '정신'을 효과적으로 '분리'시킨 것입니다. 현재 '데카르트적 심신 분리 Cartesian mindbody split'라고 불리는 이 제안은 인간이 본질적으로 이중적이어서 일부는 마음이고 일부는 몸이라는 생각이며, 그 생각은 오늘날까지도 서양 문화의 지배적인 믿음으로 이어지고 있습니다.

그런데 데카르트는 자신의 사색록에 '도박꾼의 기분에 의해 도박의 결과가 어떻게 영향을 받을 수 있는지'에 대해 썼습니다.[11] 그로부터 300년 후, 주사위 던지기를 사용해서 마음과 물질의 연관성에 대한 좀 더 과학적인 조사가 이루어졌습니다.[12] 이후 주사위 던지기, 동전 던지기, 난수 발생기와 같이 무생물체에 대해 인간의 정신이 유도하는 변화의 가능성을 알아보기 위한 수많은 연구가 수행되었습니다.

의식의 양자 과정이 붕괴를 야기한다는 것을 보여주는 이론적 실험은 염력에 의한 물질 조작을 설명하는 또 다른 방법일 수 있습니다. 한 연구는 관찰자 효과를, 의도를 갖고 있는 관찰자와 관찰되는 대상

사이의 양자 얽힘으로 기술합니다.[13]

물리학자 로저 펜로즈의 또 다른 연구에서 관찰자 효과는 '양자 세계의 어떤 것에 대한 무의식적인 지식을 그것의 정확한 존재에 대한 의식적인 경험으로 전달하는 것'입니다. 펜로즈는 의식이 계산적이지 않다고 가정합니다. 의식은 기계로 환원될 수 없을 뿐 아니라, 신경과학이나 생물학으로도 설명이 되지 않습니다.[14]

그런데 펜로즈는 양자 컴퓨팅 이론을 사용하여 순간적인 생각이 양자 결맞음quantum coherence으로 알려진 상태에서 함께 모이고, 거기에서 갑자기 하나의 양자 상태로 함께 작용하여 의식을 발생시킨다는 이론(조화 객관 환원 이론-역주)을 세웠습니다. 이러한 의식의 순간들은 새로운 정보와 기존의 기억 두 가지를 다 저장하고 처리하는 것으로 믿어지는 뇌의 특별한 배선에 의해 가능합니다.

의식이 붕괴를 일으킨다는 이러한 증거가 축적됨에 따라 다음과 같은 질문을 하지 않을 수 없습니다. 즉, 어떤 점에서 우리는 물리학이 의식의 존재 자체를 증명하게 될 것이라고 말할 수 있을까요? 현재 과학은 '모든 것에 대한 이론'과 지금까지 이루어진 진보를 증명하는 일에 맹렬하게 집중하고 있습니다. 따라서 양자이론이 증명하고 있는 점점 더 큰 것들에 대한 실험과 이론적으로 타당성을 인정받는 '모든 것에 대한 이론'은 불가피해 보입니다.

시간 통제를 위한 연습 모음

집중된 지각 상태 만들기[1]

1. 눈을 감거나, 조명을 끄거나, 안대를 착용하거나, 어둠 속에서 이 연습을 실행하세요.

2. 다리를 포개고 바닥에 편안하게 앉아(가부좌 또는 연꽃 자세입니다) 손바닥을 위로 하여 무릎 위에 손을 얹습니다. 이 자세가 불편하면 엉덩이에 작은 베개를 받치고 앉거나, 다리를 앞으로 뻗은 채 벽에 기대 앉아도 됩니다.

3. 당신의 마음이 어떻게 작동하고 있는지에 주의를 기울여 살피고 알아차려 보세요. 마음은 과거에 일어난 일을 되새기고 있는 가요? 미래에 일어날 일을 계획하고 있나요? 당신 주변에 있는 뭔가에 주의하고 있나요?

4. 생각이 여러분에게 일어나는 대로 내버려 두세요.

5. 호흡에 초점을 맞추세요. 코로 숨을 들이쉬고 입으로 숨을 내쉽니다(내쉬는 숨의 길이를 들이마시는 숨보다 2배 길게 하세요). 입 밖으로 나가는 날숨을 연기나 안개라고 상상합니다.

6. 다음 숨을 내쉬면서, 감은 눈앞에 숫자 3이 나타나는 것을 봅니다.

7. 다음 숨을 내쉬면서, 숫자 3이 숫자 2로 바뀌는 것을 봅니다.

8. 다음 숨을 내쉬면서, 숫자 2가 숫자 1로 바뀌는 것을 봅니다.

9. 다음 숨을 내쉬면서 숫자 1이 숫자 0으로 바뀌는 것을 봅니다.

10. 당신이 원하는 만큼 조용하고 집중된 지각의 상태에 머뭅니다.

11. 준비가 되었다고 느끼면, 천천히 눈을 뜨거나 다른 연습을 계속합니다.

고급 기법: 강아지와 고양이들

1. 뭐라도 의식적인 생각이 떠오르면 그 생각에 집중합니다.

2. 그 생각을 강아지나 고양이와 같이 당신이 사랑하는 대상으로 바꿉니다.

3. 의도적으로 강아지나 고양이를 데리고 '밖으로' 나갑니다.

4. 만약 강아지나 고양이가 다시 돌아온다면, 그들이 더 이상 돌아오지 않을 때까지 계속해서 그들을 다시 밖으로 내어 놓습니다.

고급 기법: 오늘 내가 해야 할 일은 무엇인가?

1. 집중된 지각 상태에 있을 때, 곧바로 눈을 뜨는 대신 '오늘 내가할 일은 무엇인가?'와 같이 답을 알고 싶은 주제에 대해 스스로에게 질문할 수 있습니다.

2. 당신이 원하는 만큼의 명료함이나 완성된 느낌이 오면, 천천히 눈을 뜹니다.

미래의 삶 미리 경험하기

1. '집중된 지각 상태 만들기' 연습을 사용하여 최대한 깊이 이완합니다.

2. 자신을 위해 정말 이루고 싶은 것을 생각합니다. 관련된 모든 사람에게 이익이 되고, 누구에게도 해를 끼치지 않으며, 어떤 것도 손상하지 않는 것을 추천합니다.

3. 당신이 창조하고자 하는 것이 시각적, 경험적, 감정적으로(즉 모든 의미에서) 이미 일어났다고 상상합니다. 그 일이 어떻게 일어났는지에 대한 어떤 설명도 마음속에서 지웁니다. 단지 그것이 완료되었다는 완전함을 받아들입니다.

4. 이미 이루어졌다는 안도감이나 만족감뿐만 아니라 창조된 것에 대한 감각에 깊이 몰입하세요. 만약 당신이 원하는 것이 이미 일어났다고 느끼기 어렵다면, 당신이 거대한 호수와 같은 느낌 속으로 뛰어든다고 상상해 보세요. 몸의 모든 세포 하나하나에 감각이 스며들도록 그 속에서 목욕하는 자신을 보세요.

5. 준비가 되면, 천천히 눈을 뜹니다.

고급 기법: 3년 후의 삶 미리 살아 보기

1. '집중된 지각 상태 만들기' 연습을 사용하여 가능한 한 깊이 이완합니다.

2. 지금 당신이 앉아 있는 모습을 멀리서 본다고 상상하세요. 이제 거품이 당신을 둘러싸고 당신이 있는 곳으로부터 당신을 들어 올려서 당신의 집, 사무실 건물 등이 당신의 아래쪽에 보인다고 상상합니다.

3. 당신 아래쪽에서 지구가 움직이는 것이 보입니다. 이제 거품이 당신의 오른쪽으로 이동하기 시작한다고 상상하세요. 당신이 3년 후 미래로 이동했다고 느낄 때까지 거품이 움직이는 것을 계속 상상합니다. 거품이 정지하는 것을 보고 다시 지구로 내려갑니다. 주변 환경에 주의하세요. 여긴 어딘가요? 당신은 무엇을 하고 있나요? 누구와 함께 있습니까? 자신이 경험하고 있는 것을 창조해야 한다고 생각하지 말고, 그저 그것을 알아차리기만 하세요. 3년 후의 자신을 상상함으로써, 당신 자신과 자신의 삶을 위해 무엇을 창조하고 싶은지 감을 잡을 수 있습니다.

4. 3년 후 당신의 삶을 미리 보고 메모하는 것이 끝나면, 거품이 다시 당신을 둘러싸고 들어 올리는 것을 상상하세요. 당신의 왼쪽으로 움직이는 거품을 상상하면서 당신 아래쪽에서 지구가 움직이는 것을 봅니다. 거품이 계속 왼쪽으로 움직여서 방금 있던 곳에서 1년 전에 당신을 내려놓는다고 상상하세요. 당신은 지금으로부터 2년 후에 당신이 상상하는 대로 당신의 삶에 있습니다. 무엇이 보이나요?

5. 다시 거품이 당신을 감싸서 들어 올리고, 지구가 당신 아래에서 움직입니다. 거품이 방금 있던 곳에서 1년 전에 당신을 내려놓습니다. 당신은 지금으로부터 1년 후의 시간에 있습니다. 지금 무엇이 보이나요?

6. 마지막으로, 당신이 지금 앉아 있는 곳으로 정확히 돌아옵니다. 그동안 통과한 경로에 대한 통찰을 포함해 당신이 본 것들을 적어 놓으세요.

과거 뒤집기[2]

1. '집중된 지각 상태 만들기' 연습을 사용하여 가능한 한 깊이 이완합니다.

2. 감은 눈앞에 숫자 0이 나타나는 것이 보이면, 당신 삶에서 바꾸고 싶고 벗어나고 싶은 경험으로 초점을 옮기세요. 사소한 경험일 수도 있고 중요한 일일 수도 있습니다. 사소한 사건 뒤에 더 깊은 트라우마가 있다고 느끼지만 그게 뭔지 확실하지 않다면, 작은 사건부터 시작하세요.

3. 당신이 있었던 장소와 그때 함께 있었던 사람들에 대한 감각을 그 순간을 다시 사는 것처럼 경험하기 시작합니다. 분노, 두려움, 원망, 좌절, 슬픔 또는 불안과 같은 경험과 관련된 모든 감정을 끄집어내세요.

4. 부정적인 감정을 환영하는 마음으로 맞이합니다. 그 경험과 감정들을 당신의 마음속에 간직하세요. 마치 그 모든 것이 지금 이 순간 당신에게 다시 일어나는 것처럼 말입니다.

5. 이제, 뭐가 됐든 그 경험에 대해 부정적으로 느꼈던 것을 뒤집어서 완전히 해소되도록 합니다.

6. 그 경험을 둘러싼 모든 문제와 질문이 당신의 생각으로부터 사라지게 허용하세요.

7. 안도의 한숨을 내쉬고 문제가 해소되었다는 느낌에 충만한 힘을 느낍니다.

8. 준비가 되면, 천천히 눈을 뜨세요.

고급 기법: 실시간으로 경험 뒤집기

만약 여러분이 방금 경험한 어떤 일의 부정적인 영향을 해소하고 싶다면, 그냥 눈을 감을 수 있는 조용한 장소를 찾아서 자리를 잡고, 실시간으로 그 경험을 뒤집어 해소하세요.

고급 기법: 하루 뒤집기

1. 잠들기 직전 침대에 누워서, 그날 아침 처음 눈을 뜬 순간을 생각해보세요.
2. 당신의 마음속에서 하루를 살아내면서, 각각의 경험을 당신에게 일어날 수 있었던 일의 가장 좋은 버전으로 바꾸세요.
3. 당신이 하루를 완전히 회복하고 침대에 누워 잠들 준비가 될 때까지 기억나는 모든 경험에 대해 계속 그렇게 작업합니다.

고급 기법: 꿈 뒤집기

만약 당신이 나쁜 꿈을 꾸고 깨어났다면, 위의 연습 단계를 따르세요, 그리고 과거의 사건을 생생하게 되살리는 대신, 여러분의 꿈을 생생하게 되살리세요. 당신을 불안하게 만드는 부분에 도달하면, 스스로에게 "그런 일은 일어나지 않았어"라고 말하고, 부정적인 부분을 뒤집어서 가장 좋은 결과가 나오도록 합니다.

고급 기법: 과거의 트라우마 반전시키기

1. 특정 시나리오와 관련해서 지속적으로 부정적인 감정을 경험하고 있고, 그 이유를 확신할 수 없으며, 부정적인 감정의 더 깊은 원인을 파악하고 해소하기 위해 기꺼이 노력할 준비가 되어 있다면, '필요할 때 바로 통찰 얻기' 연습(234쪽 참조)으로 시작할 수 있습니다.

2. 부정적인 감정의 근원이 무엇인지 감이 잡히면, '과거 뒤집기' 연습을 사용하세요.

3. 문제 상황이 해결되는 것을 보는 단계에 이르면, 딩신의 가장 지혜롭고 친절한 성숙한 자아adult self의 모습이 지금 사건 속에 당신과 함께 있다고 상상하세요.

4. 이 모든 부정적인 감정을 해결하거나 치유하기 위해 이 순간 가장 필요한 것은 무엇일까요? 성숙한 자아가 직접 제공하는 답을

보세요.

5. 그 사건이 가능한 한 최선의 방법으로 완전히 해결된 지금 일어나는 모든 긍정적인 감정을 느껴봅니다.

6. '과거 뒤집기' 연습의 나머지 부분을 마무리하세요.

미래가 당신을 위축시키지 못하게 하기

1. '집중된 지각 상태 만들기' 연습을 사용하여 최대한 깊이 긴장을 푸세요.

2. 감은 눈앞에 숫자 0이 나타나는 것이 보이면, 중화시키거나 제거하고 싶은, 두렵거나 걱정스러운 생각으로 초점을 옮깁니다.

3. 당신이나 다른 사람들이 해를 입게 될 불쾌한 상황들을 자세히 상상함으로써 두려움의 감정을 완전히 경험해 보세요. 만약 사소한 걱정 정도라면, 일어날 수 있는 모든 불쾌한 일들의 극단적 상황을 떠올려, 걱정하는 생각을 강화하세요.

4. 몸에서 감각이 느껴질 때까지 공포의 감정을 강화합니다. 그 극단의 경험과 감정을 마음속에 잡아두세요. 마치 그 모든 것들이 지금 이 순간 당신에게 일어나고 있는 것처럼 말입니다.

5. 이제 그만 상상을 멈추고, 그 경험이 결코 일어나지 않았다는

사실을 온 마음으로 확인합니다. 지금, 이 순간, 당신은 괜찮습니다. 불쾌함도 없고 완전히 안전합니다.

6. 스스로에게 말하세요. "아, 그런 일은 전혀 일어나지 않았구나!" 또는 "일이 그렇게 되진 않았네!"라고요. 상상했던 모든 생각과 감각이 여러분의 마음에서 사라지도록 하세요. 당신은 어떻게, 왜 그런지는 모르지만, 불쾌한 일이 당신이 상상했던 방식으로는 결코 일어난 적이 없다는 안도감에 빠져듭니다. 당신의 마음이 반대할 수도 있지만, 그런 반대는 무시하세요. 반대 의견이 다시 나온다고 해도 신경 쓰지 말고 계속 무시하세요.

7. 불쾌감으로부터 완전히 해방된 자유를 느낍니다. 그 자유로운 느낌에는 안전하다는 느낌이나 긍정적인 결과가 포함될 수 있습니다. 불쾌한 일이 일어나지 않았다고 안도의 한숨을 내쉬는 자신을 보세요.

8. 준비가 되면, 천천히 눈을 뜹니다.

고급 기법: 무엇이 진실인가요?[3]

1. 지속적으로 되풀이되는 두려움을 중화하기 위해 파트너와 함께

이 방법을 사용하세요.

2. '집중된 지각 상태 만들기'부터 시작합니다.

3. 눈을 뜨고 그 상황에 대한 적나라한 사실들과 그 사실들에 대한 최소한 두 가지씩의 다른 해석을 적으세요.

4. 예를 들어 직장을 잃는 것에 대해 걱정했다면, 파트너에게 "당신은 직장을 잃을 것이라고 생각합니다. 무엇이 진실인가요?" 라고 질문하도록 합니다.

5. 두 가지 다른 해석을 읽음으로써 '무엇이 진실인가'라는 질문에 응답하세요.

6. 그리고 나서 파트너는 당신에게 "무엇이 진실인가요?"라고 다시 묻습니다.

7. 당신은 다시 사실에 대한 두 가지 다른 해석으로 답합니다.

8. 여러분의 뇌가 일어날 수 있는 일에 대한 불쾌한 해석을 불러오기 위해 상황의 진실을 왜곡하고 있을 수도 있는 방식이 보이기 시작할 때까지 이 작업을 계속하세요.

9. 결국 당신은 당신이 우려했던 것만큼 불쾌하지 않을 것이란 사실을 밝혀내게 될 것입니다.

시간 늘이기

1. 초침이 있는 시계 앞에 편안하게 앉아서 초침의 위치를 확인합니다.

2. 간헐적으로 시계에서 가능한 가장 먼 왼쪽이나 오른쪽으로 시선을 옮기세요.

3. 반복적으로 시선을 되돌려서 시계의 문자판에 똑바로 고정합니다.

4. 머릿속에서 멋진 영화를 재생하는 것처럼, 당신을 몰입하게 만드는 길고 생생한 기억을 다시 경험하기 시작하세요.

5. 시계에 초점을 맞추면 초침이 움직이지 않은 것처럼 보일 것입니다. 어떤 경우에는 초침이 뒤로 움직입니다.

고급 기법: 제시간에 도착하기(운전하지 않을 때)

1. 무심하게, 그리고 부드럽게 시계를 바라보세요. 시계의 움직임이나 숫자가 변하는 단조로운 리듬에 주목하세요.

2. 의도적으로 시선을 시계의 문자판에 고정하세요.

3. 시계에서 도로나 다른 곳으로 시선을 옮겼다가 다시 시계 문자

판으로 돌아오기를 반복합니다.

4. 머릿속에서 영화를 재생하듯이, 목적지에 제시간에 도착하는 생생한 장면을 상상하기 시작합니다.

5. 목적지로 가는 동안 간헐적으로 시계에서 도로나 주변으로 시선을 옮기면서, 제시간에 도착하는 이 영화를 계속 재생합니다.

고급 기법: 제시간에 도착하기(운전 중일 때)

1. 당신이 제시간에 도착할 때 당신이나 다른 사람들에게 생길 긍정적인 이점을 생각합니다.

2. 관련된 모든 당사자들에게 이익을 주기 위해 제시간에 도착하고 싶다는 긍정적인 바람을 느껴봅니다.

3. 그러고 나서 갈망을 내려놓습니다.

4. 목적지에 제시간에 도착해서 얻을 수 있는 모든 긍정적인 결과를 보여주는 영화를 만들어서 마음속에서 재생하세요.

5. 당신이 목적지에 제시간에 갈 수 있을 만큼 세상의 모든 시간을 가지고 있음을 스스로에게 상기시키세요.

6. 당신이 여유 있게 도착할 수 있도록 당신 주위의 시간이 늘어나고 이동한다고 상상해 보세요.

7. 목적지에 도착할 때까지 마음속으로 제시간에 도착하는 영화를 계속해서 재생하세요.

필요할 때 바로 통찰 얻기[4]

1. 방해받지 않고 시간의 압박을 받지 않는 곳에 편안하게 앉으세요. 꼭 그럴 필요는 없지만 혼자 있는 것이 가장 좋습니다. 또한 눈을 감는 것이 가장 좋고, 어둠 속에 있는 것이 더 좋습니다. 사실 이 중 그 어느 것도 필수적인 것은 아닙니다. 단지 당신 뇌의 수용성을 최적화하기 위한 방법일 뿐입니다.

2. '집중된 지각 상태 만들기'를 실행해서 자신을 명상 상태로 만듭니다.

3. '나 자신은 이것에 대해 무엇을 알고 있나?'와 같이 자문합니다. 이 질문에 '나는 허리 통증에 대해 무엇을 알고 있나?'와 같이 알고 싶은 주제를 대입합니다.

4. 원하는 만큼 조용히 앉아 있습니다. 당신은 언제라도 머릿속에 떠오르는 대답을 얻을 수 있지만, 즉각적으로 답을 얻지 못할까 걱정하지는 마세요.

5. 어떤 생각, 이미지 또는 대답이 떠오르면, 그것이 무엇인지 기

억하세요, 예를 들어 '열 살 때 당한 사고'와 같은 기억이 떠오르면 그것을 기억하세요.

6. 질문을 반복하고, 이번에는 같은 질문의 끝에 방금 떠올랐던 답을 대입합니다. 예를 들면 '내가 열 살 때 당한 사고에 대해 나 자신은 무엇을 알고 있을까?'와 같이 질문합니다.

7. 새로운 생각이나 답을 기다리고, 같은 질문의 끝에 다시 그 생각이나 답을 대입합니다.

8. 시작할 때보다 더 많은 정보를 얻었다고 느낄 때까지 일련의 질문과 대답을 반복합니다.

마음에서 마음으로 전달하기

1. '집중된 지각 상태 만들기'를 실행해서 자신을 고요한 명상 상태로 만드는 것으로 시작하세요.

2. 전화를 받고 보니 연락하려고 한 사람에게서 걸려 온 전화라거나, 기다리고 있던 메일이 메일함에 와 있는 것을 보는 것처럼, 당신이 상대에게 메시지를 보낸 결과 경험하고 싶은 장면을 생생하게 떠올립니다.

3. 메시지를 받을 사람을 시각화합니다. 수신자를 오래 보지 못한

상태라면, 시각화를 하기 전에 그 사람의 사진을 보면 도움이 됩니다.

4. 그 사람과 직접 만나서 대화할 때 당신이 경험하는 감정을 마음 속에 떠올리세요.

5. 그 사람이 실제로 당신 앞에 있는 것처럼 그 감정들을 느껴봅니다. 감정에 집중하면서 당신이 다른 사람과 연결을 만들고 있다고 믿습니다.

6. 듣고 싶거나 읽고 싶은 하나의 이미지, 혹은 단어에 집중합니다.

7. 가능한 한 상세하게 시각화하고, 오직 그것에만 마음을 집중합니다. 그것이 어떻게 생겼는지, 그것을 만지면 어떤 촉감인지, 그리고/또는 그것이 당신에게 어떤 느낌을 불러일으키는지 집중하세요.

8. 명확한 이미지를 형성한 후, 당신의 마음에서 수신자의 마음으로 이동하는 단어나 물체를 상상함으로써 당신의 메시지를 그 사람에게 전달합니다.

9. 수신자와 얼굴을 마주보고 있는 자신의 모습을 상상하면서, 여러분이 전송하고 있는 생각을 그에게 말하는 것을 상상합니다. 예를 들면 "고양이"라고 말하는 것을 상상합니다.

10. 당신의 말을 들었을 때 수신자의 얼굴에 나타나는 이해나 알아차림의 표정을 마음으로 봅니다.

11. 이제 당신이 일어나기를 바라는 일이 이미, 모든 가능한 방법으로 완전히 일어났음을 알아차리세요.

12. 더 이상 할 일이 없다는 안도감을 느낍니다. 당신이 하고 싶었던 일은 이미 완전히 끝났습니다. 모든 것이 완료됐다는 감각이 밀려와, 마치 거대한 호수에 뛰어든 것처럼 당신의 몸속으로 점점 더 깊이 퍼져나갑니다.

13. 끝났다고 느끼면 눈을 뜹니다.

무엇이 가장 중요한지 즉각 검증하기

1. 가족이나 친구에게 잡지에서 오려내거나 인터넷에서 다운로드 할 5~7장의 사진을 골라달라고 부탁하세요. 에펠탑, 그랜드 캐니언, 유명한 대도시와 같이 상징적이고 널리 알려진 실제 장소를 찍은 것이 좋습니다. 이것들이 당신의 '표적'이 됩니다. 가족이나 친구에게 사진을 차곡차곡 아래로 향하게 해서 봉인된 상자나 봉투에 넣어달라고 부탁하세요.

2. 당신이 시작할 준비가 되면 당신의 느낌을 적을 종이와 필기구를 옆에 두세요.

3. '집중된 지각 상태 만들기'로 몸을 최대한 깊이 이완합니다.

4. 당신이 집이나 주변의 다른 곳에 있는 것이 어떤 느낌일지 상상합니다. 예를 들어 여러분이 실내에 있다면 밖에 있는 것을 상상하고 거실에 있다면 침실에 있는 것을 상상합니다. 충분히 이완하면 할수록, 다른 장소에 있다는 느낌에 더 집중할 수 있게 됩니다.

5. 이제 당신이 상자나 봉투 안에 들어가 사진 더미를 내려다보고 있다고 상상합니다.

6. 첫 번째 사진을 마음으로 뒤집어봅니다. 보고 있는 사진에 대한 기본적인 인상만 받으면 됩니다. 사진 중에 가장 인상적인 이미지에 주목하세요. 그것은 자연인가요, 인공인가요? 육지에 있나요, 아니면 물에 있나요? 가장 먼저 보이는 것을 종이에 기록합니다.

7. 표적을 스케치합니다. 시간을 충분히 써서 표적의 색깔과 모양을 살펴보세요.

8. 이제 당신이 표적 위쪽 몇 피트에서 떠다닌다고 상상합니다. 위에서 본 표적에 대한 당신의 인상을 종이에 기록합니다.

9. 여러분이 본 모든 것에 대해 간략히 요약합니다. 어떤 것도 판단하지 않으면서 당신에게 오는 모든 정보를 가능한 한 자세히 씁니다. 냄새, 색깔, 맛, 온도 또는 흐릿한 모양과 패턴 같은 감각 정보를 포함해야 합니다. 대상에 대해 감정적인 반응을 느끼

는지도 기록합니다.

10. 사진 더미에서 첫 번째 사진을 꺼내서 당신이 받았던 인상과 비교합니다.

11. 준비가 되면, 다음 사진에 대해서 이 과정을 반복합니다.

형이상학적 중력 활용하기[5]

1. '집중된 지각 상태 만들기'를 실행하여 최대한 깊이 긴장을 풉니다.

2. 당신의 의식을 심장의 중심에 집중하고, 그런 집중 상태을 유지합니다.

3. 심장이 혈액을 펌프질할 때 당신의 심장이 어떻게 생겼는지 상상합니다. 당신의 몸 안에 있는 심장을 바로 앞에서 보고 감지하고 느낄 수 있을 때까지 계속 집중합니다.

4. 마음속에서 심장의 뒤쪽을 마주 보도록 심장의 뒤쪽으로 이동합니다.

5. 당신이 들어갈 수 있을 만큼 큰 심장의 주름이나 틈을 찾아봅니다.

6. 그곳으로 더 가까이 다가가는 자신을 느낍니다.

7. 가장 편한 방법으로 주름이나 틈 사이로 들어갑니다.

8. 갑자기 멈출 때까지 자신이 낙하하는 것을 느낍니다. 당신은 심장 안에 있는 작고 비밀스러운 방 안에 서 있습니다. 빛이 있기를 원한다면 빛을 봅니다.

9. 주위에서 무슨 일이 일어나고 있는지, 움직임과 소리를 감지하는 데 주의를 기울입니다.

10. 사랑이나 감사의 감정을 떠올립니다.

11. 배우자, 가족, 반려동물처럼 사랑하는 대상을 그려봄으로써 이러한 감정을 온 마음으로 표현하세요.

12. 원하는 직업을 얻거나, 병에서 회복하거나, 인생의 동반자를 찾는 일 등, 당신이 사랑하는 사람을 위해 일어났으면 하는 일을 생각합니다.

13. 가슴의 심장 중심에 의식을 집중한 상태를 유지하면서, 눈을 감은 채로 심장 중심 부위를 내려다봅니다.

14. 준비됐다고 느끼면, 눈을 뜹니다.

유체 이탈

1. 밤에 유체 이탈 연습을 시작할 준비를 합니다. 늦은 밤에 이동하기 편하고 안전한 장소를 집 안에 미리 준비합니다.

2. 잠이 들어 약 3시간에서 3시간 30분 정도 지난 후에, 스스로 일어나 자신이 선택한 장소로 이동합니다. 가장 이상적인 장소는 뒤로 젖혀지는 안락의자입니다.

3. 의자나 소파에 살짝 기대되 완전히 눕지는 않도록 합니다.

4. 마음의 목소리로 '시간이 사라진다'라고 반복해서 지각의 초점을 맞춥니다. 의식이 사라질 때까지 이 문장을 계속 반복합니다.

5. 만약 당신이 방 안의 다른 어딘가에 있는 듯이 여겨지는 생생한 꿈을 꾼다면, 가장 가까운 문밖으로 나가서 당신이 잠든 곳으로부터 최대한 멀리 가는 것을 상상하세요.

육체 초월하기

1. '집중된 지각 상태 만들기'를 실행하여 최대한 깊이 긴장을 풉니다.

2. 문득 눈을 뜨고 주위를 둘러봅니다.

3. '모든 것이 나다'라고 생각합니다.

4. 논리적인 마음이 떠들어대더라도 가능한 한 오래 이 생각을 유지하세요.

5. 당신의 생각이 표류한다 싶으면 다시 한번 이 생각을 되살리세

요. '모든 것이 나다.' 의자, 컴퓨터, 책상, 책 등 주변의 모든 것을 생각에 포함합니다.

6. 집중을 방해하는 생각들이 당신의 뇌를 무차별 폭격하는 일이 시작되기 전까지 얼마나 오래 당신의 마음에 집중할 수 있는지 지켜봅니다. 당신 주변의 모든 것이 당신이라는 생각을 다시 불러오기 위해 계속 노력합니다.

고급 기법: 육체 초월 경험 고양하기

주위를 둘러보고 당신이 보는 모든 곳에서 당신 자신을 볼 수 있다고 상상합니다. 분리는 없습니다. 그러고 나서 주변의 모든 것 안에서 당신 자신을 보고 있으며, 당신이 그것들의 창조자라고 상상합니다. 예를 들어, 당신과 테이블 사이에 감지되는 경계가 있을 수 있지만 어떤 의미에서 그것은 인위적인 겁니다. 당신의 몸과 테이블을 구성하는 원자와 아원자 입자는 다르지 않으니까요. 당신 손과 테이블을 더 깊이 살펴보고 그 경계가 존재하지 않는다고 상상합니다.

주석

Chapter 1

1. David Deming, "Do Extraordinary Claims Require Extraordinary Evidence?[비범한 주장에는 비상한 증거가 필요할까?]" Philosophia 44 (2016): 1319-31.

Chapter 2

1. Albert Einstein, "On the Electrodynamics of Moving Bodies[움직이는 물체의 전기 역학에 관한 연구]," [English translation of original 1905 German-language paper "Zur Elektrodynamik bewegter Korper", Annalen der Physik 322, no. 10 (1905): 891-921], The Principle of Relativity (London: Methuen and Co., Ltd., 1923), fourmilab.ch/etexts/einstein/specrel/specrel.pdf.

2. Albert Einstein, Relativity: The Special and General Theory: A Popular Exposition, trans. Robert W. Lawson, 3rd ed. (London: Methuen and Co., Ltd., 1916); Nola Taylor Redd, "Einstein's Theory of General Relativity[아인슈타인의 일반 상대성 이론]" Space.com, November 7, 2017,space.com/17661-theory-general-relativity.html; Gene Kim and Jessica Orwig, "There Are 2 Types of Time Travel and Physicists Agree That One of Them Is Possible[물리학자들은 두 가지 유형의 시간 여행이 있고, 그중 한 가지는 가능하다고 동의한다]," Business Insider, November 21, 2017, businessinsider.com/how-to-time-travel-with-wormholes-2017-11.

3. Clara Moskowitz, "The Higher You Are, the Faster You Age[더 높은 곳에 있는 사람이 더 빨리 나이 든다]," LiveScience, September 23, 2010, livescience.com/8672-higher-faster-age.html.

4. 그 예로는, Valtteri Arstila and Dan Lloyd, eds., Subjective Time: The Philosophy, Psychology, and Neuroscience of Temporality (Cambridge, MA: MIT Press, 2014)를 보라.

5. Adrian Bejan, "Why the Days Seem Shorter as We Get Older[우리가 나이 들수록 하루

가 더 짧아 보이는 이유가 뭘까?]" European Review 27, no. 2: 187–94, doi.org/10.1017/S1062798718000741.

6. William Strauss and Neil Howe, The Fourth Turning: What the Cycles of History Tell Us About Humanity's Next Rendezvous with Destiny[네 번째 전환: 인류의 다음 운명과의 만남에 대해 역사의 순환이 우리에게 말해주는 것] New York: Broadway Books, 1997), 8–9.

7. Brian Greene, Until the End of Time (New York: Knopf, 2020), 23. → [한글판] '엔드 오브 타임-브라이언 그린이 말하는 세상의 시작과 진화, 그리고 끝', 브라이언 그린 지음, 박병철 옮김, 와이즈베리, 2021년 2월.

8. 열역학 제2법칙은 에너지가 한 형태에서 다른 형태로 변화하거나 물질이 자유롭게 이동할 때 닫힌 계에서 엔트로피(무질서의 척도)가 증가한다고 말한다. 그 결과 온도, 압력 및 밀도와 같은 것들의 차이는 시간이 지남에 따라 균일해지는 경향이 있다.

9. 통계역학이라고도 불리는 열역학(thermodynamics)의 과학.

10. Greene, Until the End of Time, 35.

11. Albert Einstein and Nathan Rosen, "The Particle Problem in the General Theory of Relativity[상대성의 일반 이론에 있어서의 입자의 문제]," Physical Review 48, no. 1 (1935): 73–77, doi.org/10.1103/physrev.48.73; "The Einstein-Rosen Bridge," Institute for Interstellar Studies, January 11, 2015, i4is.org/einstein-rosen-bridge; Kim and Orwig, "There Are 2 Types of Time Travel and Physicists Agree That One of Them Is Possible[물리학자들은 두 가지 유형의 시간 여행이 있고, 그중 한 가지는 가능하다고 동의한다]."

12. Werner Heisenberg, Physics and Philosophy: The Revolution in Modern Science[물리학과 철학: 현대 과학에 있어서의 혁명] (New York: Harper & Row, 1958); Roger Penrose, The Road to Reality (New York: Vintage, 2004) 523–24 → [한글판] '실체에 이르는 길1-우주의 법칙으로 인도하는 완벽한 안내서', 로저 펜로즈 지음, 박병철 옮김, 승산, 2010-12-07.; Richard Feynman, The Feynman Lectures on Physics, Vol. III, 1–11, feynmanlectures.caltech.edu/III_01.html. Also, for an example of something that can plausibly happen but will likely take longer than the lifespan of the known universe, see Greene's example of the "Boltzmann brain," Until the End of Time, 297.

Chapter 3

1. Natalie Wolchover, "What Is a Particle?[입자란 무엇인가?]" Quanta Magazine, November 12, 2020, quantamagazine.org/what-is-a-particle-20201112.

2. 소립자라고도 불리는 아원자 입자는 물질(렙톤과 쿼크)의 가장 작고 가장 기본적인 구성 요소이거나 이들(쿼크로 구성된 강입자)과 자연계의 네 가지 기본 힘(중력, 전자기, 강력, 약력) 중 하나를 전달하는 것의 조합이다.

3. '기본 아원자 입자'는 물질뿐만 아니라 광자, 약력의 벡터 보손, 강한 핵력을 위한 글루온, 중력과 같은 물질에 영향을 미치는 각각의 힘과 동등한 입자인 '보손'도 포함한다. 이러한 힘은 '파동과 밀접한 관련이 있는 입자 또는 장(예: 전자기장 또는 중력장)일 수 있다. 파동은 단순히 필드에서의 변조 또는 잔물결이다. 예를 들어, 방송 안테나의 전자기장은 수신 안테나에 의해 포착될 수 있는 전자기 복사 또는 파동을 방출한다.'

4. '관찰자 효과'는 단순히 양자이론에서보다 더 널리 사용되는 용어다. 예를 들어, 타이어 공기압이나 전기 전압과 같은 것을 측정할 때 측정 자체가 측정된 파라미터에 영향을 미친다. 이 용어는 정보 이론에서도 사용된다.

5. As quoted in J. W. N. Sullivan, "Interviews with Great Scientists[위대한 과학자들과의 인터뷰]," The Observer (London, England), January 25, 1931, 17.

6. "NIST Team Proves 'Spooky Action at a Distance' Is Really Real,[NIST 팀이 '원거리에서의 유령 같은 작용'이 정말로 사실임을 증명하다]", National Institute of Standards and Technology (NIST), November 10, 2015, nist.gov/news-events/news/2015/11/nist-team-proves-spooky-action-distance-really-real; study published as L. K. Shalm, E. Meyer-Scott, B. G. Christensen, P. Bierhorst, M. A. Wayne, D. R. Hamel, M. J. Stevens, et al., "A Strong Loophole-Free Test of Local Realism," Physical Review Letters 115, no. 25 (December 16, 2015): 250402, doi.org/10.1103/PhysRevLett.115.250402.

7. Graham Hall, "Maxwell's Electromagnetic Theory and Special Relativity[맥스웰의 전자기 이론과 특수 상대성]," Philosophical Transactions of the Royal Society A 366(2008): 1849-60, doi.org/10.1098/rsta.2007.2192.

8. "Nobel Prize for Physics, 1979[1979년 노벨 물리학상]," CERN Courier (December) : 395-97, cds.cern.ch/record/1730492/files/vol19-issue9-p395-e.pdf.

9. 양자 불확실성은 양자 세계에서 아원자 입자의 속도와 위치를 알 수 없는 양자 행동을 묘사한다.

10. Leonard Susskind, "Copenhagen vs. Everett, Teleportation, and ER=EPR," lecture, April 23, 2016, Cornell University. doi.org/10.1002/prop. 201600036.

11. University of Vienna, "Quantum Gravity's Tangled Time[양자 중력의 얽힌 시간]," Phys.org, August 22, 2019, phys.org/news/2019-08-quantum-gravity-tangled.html.

12. H. Bösch, F. Steinkamp, and E. Boller, "Examining Psychokinesis: The Interaction of Human Intention with Random Number Generators—A Meta-Analysis[염력 검토: 난수 발

생기와 인간 의도의 상호작용 – 메타분석]," Psychological Bulletin 132 (2006): 497–523. doi.org/10.1037/0033-2909.132.4.497.

13. "Picturesque Speech and Patter[그림 같은 말하기와 지껄이기]" Reader's Digest 40 (April 1942): 92. Source verified by Quote Investigator, "Men Occasionally Stumble Over the Truth, But They Pick Themselves Up and Hurry Off[사람들은 때때로 진실에 걸려 넘어지지만, 대부분은 아무 일도 없었다는 듯이 일어나서 서둘러 자리를 떠난다]," May 26, 2012, quoteinvestigator.com/2012/05/26/stumble-over-truth/.

14. Christopher Chabris and Daniel Simons, "The Invisible Gorilla[보이지 않는 고릴라]," accessed October 28, 2015, theinvisiblegorilla.com/gorilla_experiment.html.

Chapter 4

1. Bonnie Horrigan, "Roger Nelson, PhD: The Global Consciousness Project," EXPLORE 2, no. 4 (July/August 2006): 343–51, doi.org/10.1016/j.explore.2006.05.012.

2. William G. Braud, "Distant Mental Influence of Rate of Hemolysis of Human Red Blood Cells[인간 적혈구의 용혈 속도에 대한 원거리 정신적 영향]," Journal of the American Society for Psychical Research 84, no. 1 (January 1990).

3. William Braud, Distant Mental Influence: Its Contributions to Science, Consciousness, Healing and Human Interactions[원거리 정신적 영향: 과학, 의식, 치유 및 인간 상호작용에 대한 기여], illustrated edition (Charlottesville, VA: Hampton Roads Publishing, 2003).

4. Braud, Distant Mental Influence.

5. William F. Russell, Second Wind: The Memoirs of an Opinionated Man[두 번째 바람: 독단적인 남자의 회고록] (New York: Random House, 1979), 156–157.

6. Mihaly Csikszentmihalyi, Flow: The Psychology of Optimal Experience(New York: HarperCollins, 2009).

7. Fred Ovsiew, "The Zeitraffer Phenomenon, Akinetopsia, and the Visual Perception of Speed of Motion: A Case Report[지속 촬영 현상, 동작맹, 그리고 동작 속도의 시지각: 사례 보고]," Neurocase 20, no. 3 (June 2014): 269–72, doi.org/10.1080/13554794.2013.770877.

8. R. Noyes and R. Kletti, "Depersonalization in Response to LifeThreatening Danger[생명 위협에 대한 반응으로서의 몰개인화]," Comprehensive Psychiatry 18 (1977): 375–84.

9. R. Noyes and R. Kletti, "The Experience of Dying from Falls[추락에 의한 죽음의 경험]," Omega (Westport) 3 (1972): 45–52.

10. Chess Stetson, Matthew P. Fiesta, and David M. Eagleman, "Does Time Really Slow Down during a Frightening Event?[무서운 사건이 일어나는 동안 시간이 정말로 느려질까?" PLoS ONE 2, no. 12 (2007): e1295, doi.org/10.1371/journal.pone.0001295.

11. Catalin V. Buhusi and Warren H. Meck, "What Makes Us Tick? Functional and Neural Mechanisms of Interval Timing[무엇이 우리를 자극할까? 인터벌 타이밍의 기능 및 신경 메커니즘]," National Review of Neuroscience 6, no. 10 (October 2005): 755–65, doi.org/10.1038/nrn1764; Sylvie Droit-Volet, Sophie L. Fayolle, and Sandrine Gil, "Emotion and Time Perception: Effects of FilmInduced Mood[감성과 시간 지각: 영화에 의해 유도된 분위기의 영향]," Frontiers in Integrative Neuroscience 5, no. 33 (August 2011), doi.org/10.3389/fnint.2011.00033.

11. Csikszentmihalyi, Flow. 12.

12. Daniel C. Dennett and Marcel Kinsbourne, "Time and the Observer: The Where and When of Consciousness in the Brain[시간과 관찰자: 뇌 안에서 의식의 위치와 시간]," Behavioral and Brain Sciences 15 (1992): 183–247, ase.tufts.edu/cogstud/ dennett/papers/Time_and_the_Observer.pdf

Chapter 5

1. 수지상 돌기들(dendrites)로 연결된 뉴런으로 구성된 신경 경로는 우리의 습관과 행동에 따라 뇌에서 만들어진다.

2. Ned Herrmann, "What Is the Function of the Various Brainwaves?[다양한 뇌파의 기능은 무엇일까?]" Scientific American, December 22, 1997, scientificamerican.com/article/what-is-the-function-of-t-1997-12-22/.

3. 명상을 통해 달성되는 강렬한 집중의 상태. 힌두교 요가에서, 이것은 의식의 궁극적인 단계로 여겨지며, (죽기 전 또는 죽을 때에) 신과의 합일에 도달하는 것으로 간주한다.

4. Marc Kaufman, "Meditation Gives Brain a Charge, Study Finds[명상이 뇌에 전하를 부여한다는 연구 결과가 나왔다]," The Washington Post, January 3, 2005, washingtonpost.com/archive/politics/2005/01/03/meditation-gives-brain-a-charge-study-finds/7edabb07-a035-4b20-aebc-16f4eac43a9e/.

5. Timothy J. Buschman, Eric L. Denovellis, Cinira Diogo, Daniel Bullock, and Earl K. Miller, "Synchronous Oscillatory Neural Ensembles for Rules in the Prefrontal Cortex[전두엽 피질에 적용되는 동시적인 신경 진동의 조화]," Neuron 76, no. 4 (November 21, 2012): 838–46, doi.

org/10.1016/j.neuron.2012.09.029.

6. Matthew P. A. Fisher, "Quantum Cognition: The Possibility of Processing with Nuclear Spins in the Brain[양자 인지: 뇌에서 핵 스핀으로 처리할 수 있는 가능성]," Annals of Physics 362 (November 2015): 593–602, doi.org/10.1016/j.aop.2015.08.020.

7. Jonathan O'Callaghan, "'Schrödinger's Bacterium' Could Be a Quantum Biology Milestone," Scientific American, October 29, 2018, scientificamerican.com/article /schroedingers-bacterium-could-be-a-quantum-biology-milestone/.

Chapter 6

1. Judson A. Brewer, Patrick D. Worhunsky, Jeremy R. Gray, Yi-Yuan Tang, Jochen Weber, and Hedy Kober, "Meditation Experience Is Associated with Differences in Default Mode Network Activity and Connectivity[명상 경험은 기본 모드 네트워크의 활동 및 연결상의 차이와 관련이 있다]," PNAS 108, no. 50 (2011): 20254–59, doi.org/10.1073 /pnas.1112029108.

2. Eileen Luders, Nicolas Cherbuin, and Florian Kurth, "Forever Young(er): Potential Age-Defying Effects of Long-Term Mediation of Gray Matter Atrophy[영원한 젊음: 회백질 위축의 장기적 조정의 잠재적 노화 방지 효과]," Frontiers in Psychology 5, no. 1551 (2015): doi.org/10.3389/fpsyg.2014.01551.

3. "의식의 난제"라는 용어는 마음과 언어의 철학을 연구하는 호주의 철학자이자 인지 과학자인 데이비드 찰머스David Chalmers에 의해 1995년에 만들어졌다.

4. 로저 펜로즈Roger Penrose는 블랙홀 형성이 일반 상대성이론의 한 가지 예측이라는 것을 발견한 공로로 2020년 노벨 물리학상을 수상했다.

5. Roger Penrose, The Emperor's New Mind: Concerning Computers, Minds, and the Laws of Physics (Oxford, England: Oxford Landmark Science, 2016) → [한글판] '황제의 새 마음-컴퓨터, 마음, 물리법칙에 관하여' 개정판, 로저 펜로즈 지음, 박승수 옮김, 이화여자대학교출판문화원, 2022-09-15.

6. University of Groningen, "Quantum Effects Observed in Photosynthesis[광합성에서 관찰된 양자 효과]," ScienceDaily, May 21, 2018, sciencedaily.com/releases/2018/ 05/ 18021131756. htm. For original journal article, see Erling Thyrhaug, Roel Tempelaar, Marcelo J. P. Alcocer, Karel Žídek, David Bína, Jasper Knoester, Thomas L. C. Jansen, and Donatas Zigmantas, "Identification and Characterization of Diverse Coherences in the Fenna–Matthews–Olson Complex," Nature Chemistry 10 (2018): 780–86, doi.org/10.1038/s41557-018-0060-

5. Also see Hamish G. Hiscock, Susannah Worster, Daniel R. Kattnig, Charlotte Steers, Ye Jin, David E. Manolopoulos, Henrik Mouritsen, and P. J. Hore, "The Quantum Needle of the Avian Magnetic Compass," PNAS 113, no. 17 (2016): 4634–39, doi.org/10.1073/pnas.1600341113.

7. This practice is adapted from Gerald Epstein, Encyclopedia of Mental Imagery: Colette Aboulker-Muscat's 2,100 Visualization Exercises for Personal Development, Healing, and Self-Knowledge, illustrated edition[멘탈 이미지 백과사전: 콜레트 아불커-머스캣의 개인 개발, 치유, 자기 지식을 위한 2,100가지 시각화 연습, 삽화판] (New York: ACMI Press, 2012).

Chapter 7

1. Victoria Hazlitt, "Jean Piaget, the Child's Conception of Physical Causality[장 피아제, 아동의 물질적 인과 개념 형성]," The Pedagogical Seminary and Journal of Genetic Psychology 40 (September 2012): 243–249, doi.org/10.1080 /088 56559.1932.10534224.

2. Marie Buda, Alex Fornito, Zara M. Bergström, and Jon S. Simons, "A Specific Brain Structural Basis for Individual Differences in Reality Monitoring[현실 모니터링의 개인차를 설명하는 뇌 구조적 기초]," Journal of Neuroscience 31, no. 40 (2011): 14308–13, doi.org/10.1523/JNEUROSCI.3595-11.2011.

3. L. Verdelle Clark, "Effect of Mental Practice on the Development of a Certain Motor Skill[정신적 수련이 특정 운동기능 발달에 미치는 영향]," Research Quarterly of the American Association for Health, Physical Education, & Recreation 31 (1960): 560–69, psycnet.apa.org/record/1962-00248-001.

4. "Frequently Asked Questions," Program in Placebo Studies and Therapeutic Encounter (PiPS), Beth Israel Deaconess Medical Center/Harvard Medical School, programinplacebostudies.org/about/faq/.

5. 베스트셀러 작가이자 강연자인 마르시아 위더Marcia Wieder의 작품을 각색한 것이다.

Chapter 8

1. Roger E. Beaty, Paul Seli, and Daniel L. Schacter, "Thinking about the Past and Future in Daily Life: An Experience Sampling Study of Individual Differences in Mental Time Travel[일상생활에서의 과거와 미래에 대한 생각: 시간여행의 개인차에 대한 경험 표본 추출 연구]," Psychological

Research 83, no. 8 (June 2019), doi.org/10.1007 /s00426-018-1075-7.

2. Norman Doidge, The Brain That Changes Itself (New York: Penguin, 2008) → [한글판] '기적을 부르는 뇌-뇌가소성 혁명이 일구어낸 인간 승리의 기록들', 노먼 도이지 지음, 김미선 옮김, 지호, 2008년 7월.

3. Zvi Carmeli and Rachel Blass, "The Case against Neuroplastic Analysis: A Further Illustration of the Irrelevance of Neuroscience to Psychoanalysis Through a Critique of Doidge's The Brain That Changes Itself[신경가소성을 부정하는 사례: 도이지의 '자기 자신을 변화시키는 뇌'에 대한 비판을 통해 신경과학이 정신분석과 무관하다는 것을 추가적으로 설명]," International Journal of Psychoanalysis 94 (2013): 391-410, doi.org/10.1111/1745-8315.12022.

4. Victoria Follette, Kathleen M. Palm, and Adria N. Pearson, "Mindfulness and Trauma: Implications for Treatment[마음챙김과 트라우마: 치료에 대한 시사점]," Journal of Rational-Emotive and Cognitive-Behavior Therapy 24, no. 1 (March 2006): 45-61, doi.org/10.1007 / s10942-006-0025-2.

5. Yoon-Ho Kim, Rong Yu, Sergei P. Kulik, Yanhua Shih, and Marlan O. Scully, "A Delayed 'Choice' Quantum Eraser[지연된 '선택' 양자 지우개]," Physical Review Letters 84, no. 1 (2000).

6. Vincent Jacques, E. Wu, Frédéric Grosshans, François Treussart, Philippe Grangier, Alain Aspect, and Jean-François Roch, "Experimental Realization of Wheeler's Delayed-Choice Gedanken Experiment[휠러의 지연 선택 사고실험의 실험적인 실현]," Science 315, no. 5814 (February 2007): 966-68, doi.org/10.1126/science. 1136303.

7. Francesco Vedovato, Costantino Agnesi, Matteo Schiavon, Daniele Dequal, Luca Calderaro, Marco Tomasin, Davide G. Marangon, Andrea Stanco,Vincenza Luceri, Giuseppe Bianco, Giuseppe Vallone, and Paolo Villoresi, "Extending Wheeler's Delayed-Choice Experiment to Space[휠러의 지연 선택 실험을 우주로 확장하기]," Science Advances 3, no. 10 (October 2017): e1701180, doi.org/10.1126/sciadv. 1701180.

8. This practice is adapted from Gerald Epstein, Encyclopedia of Mental Imagery: Colette Aboulker-Muscat's 2,100 Visualization Exercises for Personal Development, Healing, and Self-Knowledge, illustrated edition[멘탈 이미지 백과사전: 콜레트 아불커-머스캣의 개인 개발, 치유, 자기 지식을 위한 2,100가지 시각화 연습, 삽화판] (New York: ACMI Press, 2012)

Chapter 9

1. Bambi L. DeLaRosa, Jeffrey S. Spence, Scott K. M. Shakal, Michael A. Motes, Clifford

S. Calley, Virginia I. Calley, John Hart Jr., and Michael A. Kraut, "Electrophysiological Spatiotemporal Dynamics During Implicit Visual Threat Processing[암묵적인 시각적 위협 처리 중의 전기생리학적 시공간 역학]," Brain and Cognition 91 (November 2014): 54–61, doi. org/10.1016/j.bandc.2014.08.003.

2. Charles Eisenstein, The More Beautiful World Our Hearts Know Is Possible[우리의 마음이 알고 있는 더 아름다운 세상이 가능하다] (Berkeley, CA: North Atlantic Books, 2013), 244–47.

Chapter 10

1. Carlo Rovelli, The Order of Time (New York: Riverhead Books, 2018). → [한글판] '시간은 흐르지 않는다-우리의 직관 너머 물리학의 눈으로 본 우주의 시간', 카를로 로벨리 지음, 이중원 옮김, 쌤앤파커스, 2019-06-10.

2. 이 설명은 또한 우주가 과거, 현재, 미래를 포함하여 모든 것들이 동시에 존재하고 모두 동일하게 실재하는 거대한 블록이라는 철학 이론인 '블록 우주 이론'을 제안한다.

Chapter 11

1. Vivien Cumming, "The Other Person That Discovered Evolution, Besides Darwin[다윈 외에 진화를 발견한 또 다른 사람]," BBC online, November 7, 2016, bbc.com/earth/story/20161104-the-other-person-that-discovered-evolution-besides- darwin.

2. John B. West, "Carl Wilhelm Scheele, the Discoverer of Oxygen, and a Very Productive Chemist[산소의 발견자이자 매우 생산적인 화학자인 칼 빌헬름 셸레]," American Journal of Physiology: Lung Cellular and Molecular Physiology 307, no. 11 (December 2014): L811–6, doi.org/10.1152/ ajplung. 00223. 2014.

3. Stanley I. Sandler and Leslie V. Woodcock, "Historical Observations on Laws of Thermodynamics[열역학 법칙에 대한 역사적 관찰]," Journal of Chemical & Engineering Data 55 (2010): 4485–90, doi.org/10.1021/je1006828.

4. "Georges Lemaître, Father of the Big Bang[조르주 르메트르, 빅뱅의 아버지]," American Museum of Natural History, amnh.org/learn-teach/curriculum-collections/cosmic-horizons-book/georges-lemaitre-big-bang. Excerpted from Cosmic Horizons: Astronomy at the Cutting Edge, Steven Soter and Neil deGrasse Tyson, eds. (New York: New Press, 2000).

5. Proceedings of the American Academy of Arts and Sciences[미국 예술 과학 아카데미의 의사록] 74, No. 6 (November 1940): 143–46.

6. Scott Camzine, Jena-Louis Deneubourg, Nigel R. Franks, James Sneyd, Guy Theraula, and Eric Bonabeau, Self-Organization in Biological Systems[생물학적 시스템의 자기조직화] (Princeton, NJ: Princeton University Press, 2001), 7–14.

7. 물리학에서 환원주의는 세상을 단순성을 위한 기본 구성 요소로 나누는 반면, 창발론은 복잡성에서 나오는 간단한 법칙을 고안하려고 한다.

8. Rupert Sheldrake, A New Science of Life: The Hypothesis of Morphic Resonance[새로운 생명 과학: 형태공명 가설] (Rochester, VT: Park Street Press, 1995).

9. Peter D. Bruza, Zheng Wang, and Jerome R. Busemeyer, "Quantum Cognition: A New Theoretical Approach to Psychology[양자인지: 심리학에 대한 새로운 이론적 접근]," Trends in Cognitive Science 19, no. 7 (July 2015): 383–93, doi.org/10.1016/j. tics. 2015.05.001.

10. Filippo Caruso, "What Is Quantum Biology?[양자 생물학은 무엇인가?]" Lindau Nobel Laureate Meetings, June 15, 2016, lindau-nobel.org/what-is-quantum -biology/.

11. Matthew P. A. Fisher, "Quantum Cognition: The Possibility of Processing with Nuclear Spins in the Brain[양자 인지: 핵 스핀을 이용한 뇌의 처리 가능성]," Annals of Physics 362 (November 2015): 593–602, doi.org/10.1016/j.aop.2015.08.020.

12. David H. Freedman, "Quantum Consciousness[양자 의식]," Discover, June 1, 1994, discovermagazine.com/mind/quantum-consciousness.

13. Berit Brogaard, "How Much Brain Tissue Do You Need to Function Normally?[정상적으로 기능하기 위해 뇌 조직이 얼마나 필요할까?]" Psychology Today, September 2, 2015, psychologytoday.com/us/blog/the-superhuman-mind/201509 /how-much-brain-tissue-do-you-need-function-normally.

14. This practice is adapted from Gerald Epstein, Encyclopedia of Mental Imagery: Colette Aboulker-Muscat's 2,100 Visualization Exercises for Personal Development, Healing, and Self-Knowledge, illustrated edition[멘탈 이미지 백과사전: 콜레트 아불커-머스캣의 개인 개발, 치유, 자기 지식을 위한 2,100가지 시각화 연습, 삽화판] (New York: ACMI Press, 2012).

Chapter 12

1. Carles Grau, Romuald Ginhoux, Alejandro Riera, Thanh Lam Nguyen, Hubert Chauvat, Michel

Berg, Julià L. Amengual, Alvaro Pascual-Leone, Giulio Ruffini, "Conscious Brain-to-Brain Communication in Humans Using Non-Invasive Technologies[비침습적 기술을 사용한 인간의 의식적인 뇌 대 뇌 통신]," PLOS ONE 9, no. 8 (August 19, 2014), doi.org/10.1371/journal. pone. 0105225.

2. Ganesan Venkatasubramanian, Peruvumba N. Jayakumar, Hongasandra R. Nagendra, Dindagur Nagaraja, R. Deeptha, and Bangalore N. Gangadhar, "Investigating Paranormal Phenomena: Functional Brain Imaging of Telepathy[초자연 현상 조사: 텔레파시의 기능적 뇌 영상화]," International Journal of Yoga 1, no. 2 (Jul–Dec. 2008): 66–71, ncbi.nlm.nih.gov/ pmc/ articles/PMC3144613/.

3. Doree Armstrong and Michelle Ma, "Researcher Controls Colleague's Motions in 1st Human Brain-to-Brain Interface[인간의 첫 번째 뇌 대 뇌 인터페이스에서 동료의 움직임을 제어하는 연구자]," UW News, University of Washington, August 27, 2013, washington.edu/ news/2013/08/27/researcher-controls-colleagues-motions- in-1st- human-brain-to-brain-interface/.

4. Peter Tompkins and Christopher Bird, The Secret Life of Plants[식물의 비밀스런 삶] (New York: Harper & Row, 1973). Also see Tristan Wang, "The Secret Life of Plants: Understanding Plant Sentience,"[book review] Harvard Science Review (Fall 2013): harvardsciencereview. files.wordpress.com/2014/01/hsr-fall-2013-final.pdf.

5. C. Marletto, D. M. Coles, T. Farrow, and V. Vedral, "Entanglement between Living Bacteria and Quantized Light Witnessed by Rabi Splitting[Rabi Splitting에 의해 목격된 살아있는 박테리아와 양자화된 빛의 얽힘]," Journal of Physics Communication 2, no. 10 (2018), doi. org/10.1088/2399-6528/aae224.

6. "벨 테스트"는 광자 쌍의 특성 간의 상관관계를 측정하는 실험이다. 광자를 측정하는 타이밍은 기존의 조건이나 빛의 속도보다 낮은 속도로 정보를 교환하는 것과 같은 물리적 과정으로 상관관계를 설명할 수 없음을 보장한다. 이러한 상관관계에 대한 통계적 테스트를 실행하면 양자역학이 작동한다는 것을 증명할 수 있다. 이와 같은 현상은 광자뿐만 아니라 얽힌 입자 쌍에도 적용된다.

7. Anil Ananthaswamy, "A Classic Quantum Test Could Reveal the Limits of the Human Mind[고전적인 양자 실험은 인간 정신의 한계를 드러낼 수 있다]," NewScientist, (May 19, 2017): newscientist.com/article/2131874—classic-quantum-test-could- rev eal-the-limits-of-the- human-mind/.

8. Peter G. Enticott, Hayley A. Kennedy, Nicole J. Rinehart, Bruce J. Tonge, John L. Bradshaw, John R. Taffe, Zafiris J. Daskalakis, and Paul B. Fitzgerald, "Mirror Neuron Activity Associated

with Social Impairments but Not Age in Autism Spectrum Disorder[자폐 스펙트럼 장애에서 나이가 아닌 사회적 장애와 관련된 미러 뉴런 활동]," Biological Psychiatry 71, no. 5 (March 2012): 427–33. doi.org/10. 1016/j. biopsych. 2011.09.001.

9. Venkatasubramanian, et al., "Investigating Paranormal Phenomena: Functional Brain Imaging of Telepathy[초자연 현상 탐구: 텔레파시의 기능적 뇌 영상화]," 66–71.

Chapter 13

1. Russell Targ and Harold Puthoff, "Remote Viewing of Natural Targets," Stanford Research Institute, to be presented at the Conference on Quantum Physics and Parapsychology, Geneva, Switzerland, August 26–27, 1974, cia.gov/readingroom /document/cia-rdp96-00787r000500410001-3.

2. Jim Schnabel, Remote Viewers: The Secret History of America's Psychic Spies[원격 투시자: 미국 초능력 스파이들의 비밀 역사] (New York: Dell Publishing, 1997), 27.

3. Schnabel, Remote Viewers, 310.

4. Gabriel Popkin, "China's Quantum Satellite Achieves 'Spooky Action' at Record Distance," Science, June 15, 2017, sciencemag.org/news/2017/06/china-s-quantum -satellite -achieves-spooky-action-record-distance.

Chapter 14

1. Jeff Wise, "When Fear Makes Us Superhuman[공포가 우리를 초인으로 만들 때]," Scientific American, December 28, 2009, scientificamerican.com/article/extreme -fear-superhuman/. Excerpted from Jeff Wise, Extreme Fear: The Science of Your Mind in Danger (New York: Palgrave Macmillan, 2009).

2. Wise, "When Fear Makes Us Superhuman."

3. Meb Keflezighi with Scott Douglas, 26 Marathons: What I Learned about Faith, Identity, Running, and Life from My Marathon Career[26번의 마라톤: 마라톤을 통해 신뢰, 정체성, 달리기, 그리고 삶에 대해 배운 것] (New York: Rodale, 2019).

4. Stephen E. Humphrey, Jennifer D. Nahrgang, and Frederick P. Morgeson, "Integrating Motivation, Social, and Contextual Work Design Features: A Meta-Analytic Summary and Theoretical Extension of the Work Design Literature[동기부여, 사회 및 상황별 작업 설계 기능 통

합: 작업 설계 문헌의 메타 분석적 요약과 이론적 확장]," Journal of Applied Psychology 92, no. 5 (2007): 1332–56, doi.org/ 10.1037/ 0021–9010.92.5.1332.

5. Gary Zukav, "Love and Gravity[사랑과 중력]," HuffPost, June 27, 2012, huffpost. com/entry/ love_b_1457566.

6. Peter D. Bruza, Zheng Wang, and Jerome R. Busemeyer, "Quantum Cognition: A New Theoretical Approach to Psychology[양자인지: 심리학에 대한 새로운 이론적 접근]," Trends in Cognitive Science 19, no. 7 (July 2015): 383–93, doi.org/10. 1016/j.tics.2015.05.001.

7. Sougato Bose, Anupam Mazumdar, Gavin W. Morley, Hendrik Ulbricht, Marko Toro☐, Mauro Paternostro, Andrew A. Geraci, Peter F. Barker, M. S. Kim, and Gerard Milburn, "A Spin Entanglement Witness for Quantum Gravity[양자 중력의 스핀 얽힘 증거]," Physical Review Letters 119, no. 24 (2017): 240401, doi.org/10.1103 /PhysRevLett.119.240401.

8. Marcelo Gleiser, The Simple Beauty of the Unexpected: A Natural Philosopher's Quest for Trout and the Meaning of Everything[예상치 못한 것의 단순한 아름다움: 자연 철학자의 송어 탐구와 모든 것의 의미] (Lebanon, NH: ForeEdge, 2016).

9. 이 실습은 드런발로 멜키세덱Drunvalo Melchizedek의 작업을 각색한 것이다.

Chapter 15

1. Stephan Schwartz, "Crossing the Threshold: Nonlocal Consciousness and the Burden of Proof[문턱 넘어가기: 비국소적 의식과 증명의 부담]," EXPLORE: The Journal of Science and Healing 9, no. 2: 77–81, pubmed.ncbi.nlm.nih.gov/23452708/

2. Stuart Youngner and Insoo Hyun, "Pig Experiment Challenges Assumptions around Brain Damage in People[사람들의 뇌 손상에 대한 가정에 도전하는 돼지 실험]," Nature, (April 17, 2019), nature.com/articles/ d41586-019-01169-8.

3. Andra M. Smith and Claude Messier, "Voluntary Out-of-Body Experience: An fMRI Study[자발적인 유체 이탈 경험: fMRI 연구]," Frontiers in Human Neuroscience 8 (February 2014), doi. org/10.3389/fnhum.2014.00070.

4. University College London, "First Out-of-Body Experience Induced in Laboratory Setting[실험실 환경에서 유도된 최초의 유체 이탈 경험]," Science News, ScienceDaily, August 24, 2007, sciencedaily.com/releases/2007/08/070823141057. htm. Journal article available at H. Henrik Ehrsson, "The Experimental Induction of Out-of-Body Experiences," Science 317, no. 5841 (2007): 1048, doi.org/10.1126/ science.1142175.

5. Christopher French, "Near-Death Experiences in Cardiac Arrest Survivors[심장 마비에서 생존한 사람들의 근사체험]," Progress in Brain Research 150 (2005): 351-67, doi.org/10.1016/S0079-6123(05) 50025-6.

6. Larry Dossey, "Spirituality and Nonlocal Mind: A Necessary Dyad[영성과 비국소적인 마음: 필요한 한 쌍]," Spirituality in Clinical Practice 1, no. 1 (2014) 29-42, doi. org/10.1037/scp0000001.

7. William Buhlman, "The Life-Changing Benefits Reported from Out-of-Body Experiences[유체 이탈 경험을 통해 보고된 삶을 바꾸는 이점]," The Monroe Institute, monroeinstitute.org/blogs/blog/the-life-changing-benefits-reported-from-out-of -body-experiences, accessed February 20, 2021.

8. Stephen LaBerge, Kristen LaMarca, and Benjamin Baird, "PreSleep Treatment with Galantamine Stimulates Lucid Dreaming: A Double-Blind, Placebo-Controlled, Crossover Study[갈란타민을 사용한 수면 전 처치는 자각몽을 자극한다: 이중맹검, 위약 통제, 교차 연구]," PLoS ONE 13, no. 8 (2018): e0201246, doi.org/10.1371/ journal. pone.0201246.

Chapter 16

1. Jim B. Tucker, Return to Life: Extraordinary Cases of Children Who Remember Past Lives[삶으로의 복귀: 전생을 기억하는 어린이들의 특별한 사례들] (New York: St. Martin's Press, 2013), 1-12. → [한글판] '어떤 아이들의 전생 기억에 관하여', 짐 터커 지음, 박은수 옮김, 김영사, 2015-11-18.

2. Robert Lawrence Kuhn, "Forget Space-Time: Information May Create the Cosmos[시공간은 잊어라: 정보가 우주를 창조할 것이다]," Space.com, May 23, 2015, space.com/29477-did-information-create-the-cosmos.html.

3. Roger Penrose and Stuart Hameroff, "Consciousness in the Universe: Neuroscience, Quantum Space-Time Geometry and Orch OR Theory[우주에서의 의식: 신경과학, 양자 시공간 기하학 및 Orch OR 이론]," Journal of Cosmology 14 (2011): 1-17, journalofcosmology.com/Consciousness160.html.

4. Jharana Rani Samal, Arun K. Pati, and Anil Kumar, "Experimental Test of the Quantum No-Hiding Theorem[양자 No-Hiding 정리의 실험적 평가]," Physical Review Letters 106, no. 8 (2011): 080401, doi.org/10.1103/PhysRevLett.106.080401.

5. Erwin Schrödinger, What Is Life?[생명이란 무엇인가?] (Cambridge, UK: Cambridge University

Press, 1967, first edition 1944). Based on lectures delivered under the auspices of the Dublin Institute for Advanced Studies at Trinity College, Dublin, February 1943.

부록 A

1. 1803년 고전 물리학 세계에서 토마스 영에 의해 행해진 빛을 이용한 첫 번째 실험. 나중에 클린턴 데이비슨Clinton Davisson과 레스터 저머Lester Germer는 1927년경 양자 입자인 전자를 사용하여 이중 슬릿 실험을 양자 세계로 확장했다.

2. Markus Arndt, Olaf Nairz, Julian Vos-Andreae, Claudia Keller, Gerbrand van der Zouw, and Anton Zeilinger, "Wave-Particle Duality of C60 Molecules[C60 분자의 파동-입자 이중성]," Nature 401 (1999): 680–82, doi.org/10.1038/44348.

3. Brian Greene, The Fabric of the Cosmos[우주의 짜임새] (New York: Vintage, 2005): 197–204. Also see Marlan Scully and Kai Druhl, "Quantum Eraser: A Proposed Photon Correlation Experiment Concerning Observation and 'Delayed Choice' in Quantum Mechanics[양자 지우개: 양자역학에서의 관측과 '지연된 선택'에 관해 제안된 광자 상관 실험]," Physical Review A 25 (April 1, 1982): 2208.

4. Richard Conn Henry, "The Mental Universe[정신 우주]," Nature (July 6, 2005): doi.org/10.1038/436029a

5. Brookhaven National Laboratory, "Research Team Expands Quantum Network with Successful Long-Distance Entanglement Experiment[연구팀, 장거리 얽힘 실험 성공으로 양자 네트워크를 확장하다]," Phys.org, April 8, 2019, phys.org/news/ 2019-04-team-quantum-network-successful-long-distance.html.

6. Leonard Susskind, "Copenhagen vs Everett, Teleportation, and ER=EPR," lecture, April 23, 2016, Cornell University, doi.org/10.1002/prop.201600036.

7. University of Vienna, "Quantum Gravity's Tangled Time[양자 중력의 얽힌 시간]," Phys.org, August 22, 2019, phys.org/news/2019-08-quantum-gravity-tangled.html.

8. University of Vienna, "Quantum Gravity's Tangled Time."

9. H. Bösch, F. Steinkamp, E. Boller, "Examining Psychokinesis: The Interaction of Human Intention with Random Number Generators-A Meta-Analysis[염력 검토: 난수발생기와 인간 의도의 상호작용-메타 분석]," Psychological Bulletin 132(2006): 497–523, doi.org/10.1037/0033-2909.132.4.497.

10. D. I. Radin and R. D. Nelson, "Evidence for ConsciousnessRelated Anomalies in Random Physical Systems[무작위적 물리적 시스템에서 의식 관련 이상 징후에 대한 증거]," Foundations of Physics 19 (1989): 1499–514, doi.org/10.1007/BF00732509.

11. D. Davidenko, Ich denke, also Bin Ich: Descartes Ausschweifendes Leben[나는 생각한다, 고로 나는 존재한다: 데카르트의 무절제한 삶], [English: I Am Thinking, Therefore I Am: Descartes's Excessive Life] (Frankfurt: Eichborn, 1990).

12. J. B. Rhine, "'Mind over Matter' or the PK Effect['물질보다 마음' 또는 PK 효과]," Journal of American Society for Psychical Research 38 (1944): 185–201.

13. W. von Lucadou and H. Römer, "Synchronistic Phenomena as Entanglement Correlations in Generalized Quantum Theory[일반화된 양자이론에서 얽힘 상관관계로서의 동기적 현상]," Journal of Consciousness Studies 14 (2007): 50–74.

14. Roger Penrose and Stuart Hameroff, "Consciousness in the Universe: Neuroscience, Quantum Space-Time Geometry, and Orch OR Theory[우주에서의 의식: 신경과학, 양자 시공간 기하학 및 Orch OR 이론]," Journal of Cosmology 14 (2011): 1–17, journalofcosmology.com/Consciousness160.html.

부록 B

1. 이 연습은 제럴드 엡스타인Gerald Epstein이 편집한, Encyclopedia of Mental Imagery: Colette Aboulker-Muscat's 2,100 Visualization Exercises for Personal Development, Healing, and Self-Knowledge, illustrated edition[멘탈 이미지 백과사전: 콜레트 아불커-머스캣의 개인 개발, 치유, 자기 지식을 위한 2,100가지 시각화 연습, 삽화판] (New York: ACMI Press, 2012)을 참고하여 각색한 것이다.

2. 위와 같음.

3. 이 연습은 찰스 아이젠슈타인의 책, The More Beautiful World Our Hearts Know Is Possible[우리 마음이 알고 있는 더 아름다운 세계가 가능하다다] (Berkeley, CA: North Atlantic Books, 2013), 244-47을 참고하여 각색한 것이다.

4. 1번과 같음

5. 이 연습은 드런발로 멜키세덱의 작업을 참고하여 만들었다.

◇ 당신은 언제나 옳습니다. 그대의 삶을 응원합니다. - 라의눈 출판그룹

세상의 모든 시간

초판 1쇄 | 2024년 6월 24일

지은이 | 리사 브로더릭   옮긴이 | 장은재
펴낸이 | 설응도   편집주간 | 안은주
영업책임 | 민경업   디자인 | 임윤지

펴낸곳 | 라의눈

출판등록 | 2014 년 1 월 13 일 (제 2019-000228 호)
주소 | 서울시 강남구 테헤란로 78 길 14-12(대치동) 동영빌딩 4 층
전화 | 02-466-1283   팩스 | 02-466-1301

문의 (e-mail)
편집 | editor@eyeofra.co.kr
마케팅 | marketing@eyeofra.co.kr
경영지원 | management@eyeofra.co.kr

ISBN 979-11-92151-75-5   03400